JN437490

The Korea Military Counseling Association

軍 집단상담

이론과 실제

한국 軍상담학회

§ 머 리 말 §

기나긴 길을 달려서 여기까지 왔습니다. 부산에서 양구까지, 목포에서 포천까지, 제주에서 철원까지, 평택에서 백령도까지 달렸습니다. 부산에서 서울까지 왕복 3,000회를 넘게 하였습니다. 암호 같았던 도로번호 안내가 이제는 익숙하기만 합니다. 이제 길 안내는 이렇게 합니다.

42-309-100-37-3 (120km), 100번도로 의정부 I.C 지나서 민자도로 새로 만들고 있는 길을 지나서 동두천 방향 [37]-연천 00사단 가는 길….

전후방의 군부대를 향해 운전을 할 때면, "오늘은 누구를 만날까? 어떤 모습으로 만날까?" "어떤 계획을 가지고 있고, 어떤 마음으로 군 생활을 영위하고 있을까? 나의 교육은 어떤 도움을 줄 수 있을까?" 모든 한국 軍 상담학회 교수요원들이 새벽길을 달려갈 때 가슴 속에 품었던 이야기들입니다.

대한민국의 청년장병들을 만나고 돌아올 때는 절로 휘파람 소리가 납니다. "보람찬 하루해를 끝마치고서…." 잘 몰랐던 팔도사나이 노래도 그동안 몸에 배였습니다. 대한민국의 힘을 느끼고 집으로 돌아오는 길은 보람의 길입니다.

이제 청년 장병들을 상담할 군 상담사들에게 새로운 길을 제시해 보고자 합니다.

실제로 군 집단상담을 할 수 있는 기회가 많지 않기에, 군을 이해하고, 군 생활의 특성을 파악하며, 군인의 고충을 어떻게 듣고, 어떻게 말하고, 어떻게 도와줄 것인지를 알기 어려울 때가 많습니다.

이에 한국 軍 상담학회에서 병사들을 위한 "군 및 또래집단상담" 에 자원봉사한 경험 및 상담진행사례를 중심으로 본 서를 출판하게 되었습니다. 군의 상담 요구와 집단상담 계획과 실제 그리고 장병들과 함께 집단상담을 하는 동안에 나타날 수 있는 여러 가지 상황과 반응을 포함하였습니다. 모두가 현장에서 경험한 사례이기에 군 장병 집단상담을 위한 직접적인 안내 책자가 될 것입니다.

본서는 집필진에 참여한 교수요원들 뿐만 아니라, 군 집단상담이 가능하도록 도와주신 모든 자원봉사자의 노고로 이루어졌습니다. 오늘도 대한민국 국군과 상담발전을 위해 노력해 주시는 모든 동역자께 진심으로 감사드립니다.

2009. 3 평택 용이동에서….

한국 軍 상담학회장 차 명 호

§ 목 차 §

제 3 장 군 집단상담의 프로그램의 구성원리

제 4 장 군 집단상담의 과정별 특징

제 5 장 군 집단상담의 기술

제 6 장 군 집단상담의 평가

제II부 군 집단상담의 실제

제 I 부
군 집단상담의 이해

제 1 장

군 상담과 군 집단상담

1. 군 집단상담의 필요성

<표 1-1> 군과 상담 같이 갈 수 없는 길인가?

군과 상담,

진정 같이 갈 수 없는 길인가?

간 부 : 부대 문제를 해결하기 위해 집단상담을 한 번 도입해 봅시다. 4시간 정도 프로그램을 한 번 만들어 보세요.

상담자 : 집단상담은 원래 2박 3일에 걸쳐서 20시간 정도는 진행해야 효과를 봅니다. 4시간 정도 해서는 전혀 도움이 안 됩니다.

간 부 : 부대업무 때문에 많은 시간을 투자할 수 없습니다.

(속마음 : 군의 현실을 전혀 이해하지 못하는군….
훈련을 3일 동안이나 어떻게 빠져….)

상담자 : 그래도 문제를 근본적으로 해결하려면 그 정도는 상담을 해야 합니다.

(속마음: 그런 식으로 하면 무슨 상담효과를 기대해….
그저 결과만 얻으려고 하면 되는가….)

* 군의 현실을 모른다고 생각하는 간부와 상담을 모른다고 생각하는 상담자는 부대의 성장과 발전을 위해 같이 노력할 수 있는 사람들일까요?

"군에서 상담은 필요한 것인가?" "부대는 계급과 명령에 의한 지휘통솔로 이루어지는 것 아닌가? 리더십만 있으면 되지, 무슨 상담까지 해?" "사회에서부터 문제 있는 장병들도 많은데, 어떻게 사회에서 문제 있었던 것을 군에서 책임져야만 해?"

장병이 군 입대 후 심리적으로 취약한 경우 군은 어디까지 책임져야하는가? 지휘권과 상담 비밀보장 문제는 어떻게 양립할 수 있는가? 군에서 상담을 실시하면, 과연 부대의 전투력과 사기에는 어떤 영향을 미치는가? 군에 입대하는 신세대 장병은 어떤 어려운 점에 직면하고 있는가?

이러한 문제는 군 상담이 직면하는 다양한 문제들 가운데 몇 가지 사례에 지나지 않는다. 군 본연의 임무가 상담이 아닌데, 군에서 상담을 해야 할 필요가 제기되는 경우, 불필요한 일이라는 생각이 들 때가 많다. 군인의 임무는 국가수호이지, 개인 문제 해결이 아니라는 판단이 생겨나기도 한다.

그러나 현실적으로 다음과 같은 사례를 생각해 보자.

<표 1-2> 나도 어쩔 수가 없어요.

사례 1) 죽고만 싶어요….

"너 무슨 일 있지?" 소대장이 물어도 병사가 아무 일도 없다고 한다. 어깨를 툭 건드렸더니 깜짝 놀란다. 그래서 사정을 들어보니, 아버지는 알코올 중독자이고, 엄마는 바람이 나서 늘 춤을 추러 다닌다고 한다. 형수는 동네 식당에서 일을 하여 가족을 부양하고 있다.

형수한테 심리적으로 의존을 하고 살고 있는데, 하루는 편지를 보냈다. "그만 살고 싶다. 이제 이혼을 하고 집으로 가고 싶다." 이에 놀란 병사는 수류탄을 몰래 훔쳐서 모든 가족을 죽이고 자살을 결심한 상태였다. 소대장과 그 이야기를 하면서, 주머니 안에서 수류탄을 꺼내준다. 이럴 때 어떻게 해야 할까?

사례 2) 주변에서 괴롭혀요….

고등학교 때 일진회에 있었다고 말하는 청년이 군에 입대했다. 평상

시 행동 자체가 상당히 반항적이고, 오자마자 전 중대원을 위협하여 분위기를 장악해 버렸다. 자기 밑에 있는 병사를 괴롭힐 때는 볼펜 끝으로 머리를 찍는다. 고통스럽기는 하지만 증거가 남지 않았다. 괴로움을 당하던 이등병이 하루는 자살을 시도하려고 하다가, 그의 행동을 고치지 않으면 죽는다는 것이 억울하다는 생각이 들었다. 집에 전화를 걸어 부모에게 현재 문제를 하소연하였다. 부모가 찾아오고, 당신은 이 문제를 어떻게 해결할 것인가?

이와 같은 문제는 분명 지휘권이나 통솔력 혹은 리더십의 문제와는 별개로, 현실 속에 존재하고 있지만, 간부나 개인이 모두 해결할 수 있는 능력을 가진 것은 아니다. 이 경우, 상담은 부대의 다양한 여건을 고려하고, 심리적 문제를 해결하도록 조력함으로써, 각각의 부대와 개별 장병들이 최적 임무 수행이 가능하도록 부대 효능성을 촉진할 수 있다. 따라서 상담은 군의 새로운 과제가 아니라, 기존의 업무를 보다 효과적이고 선진화된 방법으로 지원할 수 있는 효과적 심리접근법이고, 선진강군을 육성하는데 기여하는 효율적 방법이라고 할 수 있다.

그러나 현실적으로 상담이라는 용어가 등장하는 순간, 다소 부정적인 인식이 생겨나는 것도 부인할 수 없다. 군 간부는 상담이라는 말만 들어도 어떻게 접근할 것인가에 대한 고민이 앞서는 경우도 있다. 개인상담 기술도 아직 다 갖추지 못했는데 집단상담이라는 용어까지 등장하면 "상담도 어려운데 집단상담은 또 뭐야?" 하는 생각을 갖기 마련이다. "집단으로 모여서 놀려고 하는 것 아니야?" 집단상담에 참여하는 장병들은 집단상담에 대한 이해 부족으로 집단상담은 '놀러 가는 것' '간부 눈치 안보고 잠자는 시간' 등으로 오해하는 경우도 있다. 그렇지 않아도 교육과 업무가 많은데, 새로운 업무와 교육을 받는 것 같아서 부정적인 감정이 앞설 때가 많다. 특히, 집단을 운용하고, 병력을 동원하며, 조직 내에서 구성원들을 관리 하는일에는 가장 탁월한 조직인 군에서 집단상담을 실시한다는 것이 어떤 의미인가를 명확히 인식할 수 없는 경우도 많다.

그러나 다음과 같은 장면을 생각해 보자. 조직 구성원 간에 갈등이 일어난 상황에서 개입한다고 한 것이 상황을 더욱 복잡하게 만들고 말았다. 도대체 어떻게 이 상황을 종료해야 할지 모르는 상황까지 진행되었다. 정리는 해야겠고, 당신이 아래의 입장에 처해 있다면 이 상황을 어떻게 해결할 것인가?

<표 1-3> 어떻게 할까요?

최근 전입 온 김 이병은 부대에 적응하지 못하고 있다. 김 이병은 최선을 다한다고 말하고 있지만, 박 병장은 행동이 너무 느리고 "말귀"를 못 알아 듣는다고 지적을 한다.

박 병장 : 너 어디 다니다가 왔어?
김 이병 : K대 다니다가 왔습니다.
박 병장 : 그게 학교야?
김 이병 : ….

지나가다가 이를 본 소대장, 개입을 한다.

이 소위 : 박 병장, 새로 전입 온 이등병에게 그게 뭐하는 짓이야?
박 병장 : 그런 것이 아닙니다. 아무리 교육을 해도 말귀를 못 알아듣습니다. 오히려 제가 군대생활 거꾸로 하는 것 같습니다. 제가 모셔야 된다니까요!
이 소위 : 김 이병은 어떻게 된 일이야?
김 이병 : ….
이 소위 : 말해봐, 괜찮아. 어서! 내 말이 안들려!
김 이병 : ….
이 소위 : 왜 그래! 대답을 해봐! 이등병이 빠져가지고!
김 이병 : 아닙니다! 안 빠졌습니다.

박 병장 : 아니기는! 소대장님께 말대꾸하는 것 봐….
이 소위 : 박 병장은 가만있어. 말해 봐, 왜 그래….
김 이병 : ….
이 소위 : 대답 안해! 반항하는 거야!
박 병장 : 대답해!
김 이병 : 가만히 내버려 두십시오. 죽고 싶습니다!

위 사례에서 무엇이 잘못되었을까? 서로 돕는다고, 혹은 자신이 기대하고 있는 것을 전달하여 행동을 고쳐준다는 것이 결과적으로는 마음을 상하게 만들고, 자존심을 건드리게 되는 경우도 있다. 분명히 도움을 주고 싶어서 시작한 일인데, 결과는 엉뚱한 것으로 결론이 난다. 많은 부대에서 전입 온 신병에 대해서는 관심이 높다. 어느 소대로 배치될 것인지, 어떤 임무를 부여 받을지, 심지어는 생활관에 들어올 때, 어떻게 환영해 줄 것인지에 대해 기대감을 가지고 있다.

처음 만날 때는 서로에 대한 기대감도 높았고, 잘 돌봐 줄 것이라는 각오도 했는데, 결과적으로는 실망감을 남기기만 하는 경우도 많다. 왜 이런 일이 발생할까?

그것은 개인심리와 집단심리는 질적으로 다른 것이며, 서로의 상호 작용 유형에 따라 자신의 의도와 관계없는 결과를 창출하기 때문이다. 따라서 조직이 움직이는 원리와 조직의 의사소통 유형, 그리고 상호작용 패턴을 바탕으로 상호 간의 대인관계의 증진과 효율적 의사소통 채널의 구축, 성숙한 내면세계를 구축하는 방법은 효과적 부대관리에도 중요한 방법이 될 것이다.

2. 군 집단상담의 배경적 특수성

군에서는 이미 오래전부터 이러한 행동과학의 원리가 활용되어 왔다. 전쟁의 임무수행을 위한 인적자원의 배치, 효과적 임무수행을 위한 전략수립 등은 물론 팀워크 형성을 통한 사기진작, 동기화 훈련 등은 효율적 군 운영과 전투를 위해 필요 불가결한 요소들이다. 더구나, 군은 다양한 인적자원이 모여서 최적의 팀워크 형성과 집단을 체험해 볼 수 있는 장소이기 때문에, 어떤 점에서는 군이 집단의 원리 혹은 집단상담의 기술을 가장 효율적으로 사용하고 있거나 사용해야 할 집단일 것이다.

그러나 몇 가지 점에서 군은 일반사회 조직이 가지지 못하는 특수성을 가지고 있다. 차명호(2009)는 군의 정의에 의해 군 조직을 다음과 같이 분석하고 있다.

일반적으로 군은 '전쟁의 승리와 억제력의 확보를 목적으로 하는 특수한 계급 집단이라고 한다. 이 정의의 특수성은 첫째, 전쟁을 전제로 하고 있다는 것이다. 즉, 전시에 반드시 해야만 하는 일과 평시의 하고 싶은 일들이 이중나선구조로 얽혀 있음을 제시한다. 따라서 군에서는 양자를 동시에 충족할 수 있는 역량을 요구한다는 점이다. 둘째, '특수하다' 는 것은 군이 다양한 인적 자원을 보유하고 있고, 또한 여러 가지 환경에 둘러 쌓인 물리적 환경으로 구성되었음에도, 국가보위를 최고의 가치로 여기는 단일가치지향성을 요구하고 있다는 것이다. 셋째, 계급집단으로서 군은 위계성이 강조되며, 일사불란한 지휘체계가 요청된다는 점이다.'

이러한 군의 정의를 기초로 하면, 군의 집단활동은 일반적인 집단활동과 여러 가지 면에서 차이가 나타난다.

첫째, 군 집단과업의 특수성이다. 군에서의 집단 활동은 크게 조직의 명령과 위계에 따른 '해야만 하는 일(should be)' 과 개별 장병이 '하고 싶은 일(want to be)' 의 두 가지로 구성된다. 군에서 일어나는 모든 집단활동은 군이 요구하는 '반드시 성취해야 할 일' 과 개인이 '하고 싶은 일' 간의 정렬성을 강화할 수 있어야 한다. 일반 집단활동의 경우, 개인이 원하는 일 혹은 바라는 일을 달성하고자 다양한 자원과 시간을 투자하게 된다. 그러나 군은 양자 간의 정렬성이 확보되지 않는 경우, 커맨드십(commandership)이나 리더십의 문제가 야기될 수 있기 때문이다.

둘째, 군의 가치와 목표의 특수성이다. 군의 최고 가치와 목표를 달성하는데 기여할 수 있는 집단활동 혹은 조력 프로그램이 요청된다는 것이다. 군의 최고 가치는 국가와 민족에 대한 충성이며, 최종 목표는 전쟁 억지력을 확보하고, 전쟁 발발 시 승리하여 국가를 보위하는 것이다. 이를 위해서 다양성을 통합하고, 개별 부대의 환경적 특성을 뛰어넘어 모두가 하나 될 수 있는 운명공동체를 만드는데 기여할 수 있어야 한다는 것이다.

셋째, 개인목표 달성의 방법적 특수성이다. 군은 초합리적 상황에 처하는 경우가 많다. 즉 합리적 혹은 비합리적이라는 잣대만으로는 적절한 적응 전략을 형성할 수 없다. 따라서 군에서는 집단활동을 통하여 조직의 목적 달성이 개인의 목적달성으로 이어질 수 있는 심리적 조직 혹은 집단을 구성하는 일이 매우 중요하다. 그렇게 되는 경우에 한해서만, 모든 인적 및 물적 자원의 통합과 일사불란한 명령체계가 유지될 것이다.

넷째, 군 위계성의 특수성이다. 군은 조직 특성상, 본질적으로는 위계적 집단이며, 현실적으로는 교차적 및 수평적 관계가 공존하는 집단이다. 따라서 군 집단 활동은 군의 위계성을 유지하되, 군인들이 효율적으로 움직일 수 있는 심리적 상태를 창출하는데 기여할 수 있어야 한다는 점이다.

다섯째, 심리적 조력의 특수성이다. 군은 한계상황을 수용하는 것에 그치는 집단이 아니다. 군은 지속적으로 긍정적이고, 한계를 돌파하는 생산적 목표를 지향하는 집단이다. 보이지 않거나 정확히 예견할 수 없는 전쟁을 목적으로 한다는 것 자체는 끊임없는 한계 상황을 돌파하고, 예측할 수 없는 미래에 유연하게 대응하는 능력을 키워간다는 방향을 시사하고 있다.

마지막으로, 군은 일정한 기밀성을 요하는 집단이라는 특수성이 있다. 상당 기간

군의 제 구성원들은 같은 장소에서 함께 움직이는 조직이라는 것이다. 이에 따라 개인의 사생활을 강조하기보다는 조직 전체의 안전과 유지를 강화하는 방향으로 움직일 수 밖에 없다. 따라서, 군 집단 활동은 군의 기밀성을 유지하면서 심리적 건강을 강화할 수 있어야 한다.

이러한 특징을 고려할 때, 군에서 일어나는 모든 집단 활동은 "위계적 집단생활 속에서의 감정, 태도, 생각 및 행동 양식 등을 탐색하고, 국가와 군이 바라는 정신을 창출하여, 더욱 성숙한 군인 혹은 군인가족의 삶을 살 수 있도록 조력하는 일련의 활동 과정"이라고 말할 수 있다.

3. 군 집단상담의 정의

집단상담의 배경에는 군이 밀접하게 관련되어 있다. 2차 세계대전 후에 Carl Rogers(1946)는 참전자들은 위한 개인상담 요원 훈련을 목적으로 시카고 대학에서 단기간 집중적 훈련과정을 개발하였다. 그는 짧은 훈련 기간 내에 상담자들을 충분히 훈련시킬 수 없다는 것을 인식하고, 인지적 작업보다는 자신을 보다 잘 이해하고, 상담관계에서 자기 패배적 태도를 자각하게 하며, 참여자 상호간에 도움이 되며 상담에 영향을 미칠 수 있도록 도와주기 위해 예비상담자들을 하루에 집중적으로 몇 시간씩 계속 집단에 참여하게 하였다. 이 경험을 통하여 상담자들의 인간적 성숙을 경험한 것에 기초하여 Rogers는 참 만남집단을 이끌게 되었다.

한편 Kurt Lewin(1947)은 산업체 교육에서 대인관계 기술에 대한 관심부족을 지적하고 T-Group을 시작하였다. 그 후, MIT와 미시간대학에서 공부하던 제자들을 주축으로 워싱턴 DC에서 전미 훈련 실험집단 연합회를 결성하여 대인상호작용 및 과정을 관찰하고 배우는 것에 초점을 두었다. 이 과정을 통하여 집단 참여자들은 상호간에 신뢰롭고 돌보는 관계 형성을 경험하게 되었다. 이를 바탕으로 한 집단상담은 따라서 대인상호작용에 대한 체험적 학습을 하게 되었다.

일반적인 집단상담과는 달리 군 집단상담은 이미 고찰한 바와 같은 군 집단활동의 특수성 때문에, 집단의 목표와 활동, 역동성 등에서 민간상담과 다른 독특한 요소들이 있다. 이에 일반 집단상담의 정의를 살펴보고, 군 집단상담의 정의를 모색해 보고자 한다.

일반집단상담의 정의

민간에서 사용하는 일반 집단상담은 다양한 배경에서 출발하여 각 이론에 따라 상이한 원리를 제공하고 있다. 따라서 집단상담을 한 두 마디로 정의하기란 무척 어려운 작업이다. 집단상담은 다양한 개념적 논의가 있으나, 그 개념들 간에는 여러 가지 측면에서 유사성과 상이성을 가지고 있다. 집단상담의 보편적 정의에 대해 이장호(1992)는 다음과 같이 요약하고 있다.

> '생활과정상의 문제를 해결하고 보다 바람직한 성장발달을 위하여, 전문적으로 훈련된 상담자의 지도와 동료들과의 역동적인 상호교류를 통해 각자의 감정, 태도, 생각 및 행동양식 등을 탐색, 이해하고, 보다 성숙된 수준으로 향상시키는 과정이다.'

이와는 달리, 이형득 등은 Gadza 등의 논의를 바탕으로 다음과 같은 종합적 정의를 제시하고 있다.

> '집단상담은 의식적 사고와 행동, 그리고 허용적 현실에 초점을 둔 정화, 상호신뢰, 돌봄, 이해, 수용 및 지지 등의 치료적 기능들을 포함하는 하나의 역동적인 대인간의 과정이다. 치료적 기능들은 동료 성원들과 상담자(들)가 하나의 작은 집단에서 사적인 관심거리들을 서로 털어놓고 이야기함으로써 이룩된다. 집단원들은 포괄적인 성격의 변화를 요할 정도로 심한 문제를 갖지 않은 근본적으로 정상적인 개인들이다. 집단의 성원들은 가치와 목표들을 이해하고 수용하는 능력을 증대시키고 새로운 태도와 행동

을 학습하고 이미 학습한 것 중에서 바람직하지 못한 것은 버리기 위하여 집단 상호작용을 한다.'

그러나 이런 다양한 접근법들은 어느 정도 공통된 속성을 지니고 있는데 각 접근에서 제시하고 있는 집단상담 과정에 포함될 요소들을 종합하면 다음과 같다.

첫째, 집단상담은 비교적 정상범위의 적응수준에 속하는 사람들로 구성된다. 심각한 신경증 혹은 정신병이나 성격장애자들은 집단상담의 대상에서 제외된다. 이는 집단장면에서 주로 다루는 문제와 관련 있는바, 집단상담의 기원 자체가 성격구조의 변화나 심한 정서적 문제가 아니고 개인의 정상적인 발달과업의 문제들, 또는 정상인의 태도와 행동의 변화에서 출발한 것에 기인한 것으로 보인다.

둘째, 집단을 이끄는 지도자는 훈련받은 전문 상담자로서 개인상담에 대한 성공적인 경험, 성격역학에 대한 광범위한 이해, 집단역학에 관한 올바른 이해, 타인과의 의사소통 및 인간관계 형성 발전의 능력 등을 갖추어야 한다.

셋째, 집단의 분위기는 신뢰감을 창출하고 유지할 수 있어야 한다. 즉 집단의 분위기는 집단성원들의 속성에 관계없이 하나의 존엄성을 가진 인간으로 수용될 수 있어야 한다. 성원상호간에 무조건적인 수용은 효과적인 상담자의 필수조건이고 이 조건이 충족되면 성원들은 있는 그대로의 자기를 노출할 수 있고 자기를 발견하게 되며, 자신의 느낌과 신념과 행동을 용납하게 된다. 신뢰감이 발달하지 않는 상태에서 상호간에 진정한 노출이 어렵게 된다.

넷째, 집단상담의 과정은 집단성원 상호간의 계속적인 관계로 이루어지는 하나의 역동적인 대인관계의 과정이다. 이와 같은 계속적인 상호관계를 통하여 개인은 학습하고 적응을 하게 된다.

이상의 4가지 요소를 종합하면, 집단상담이란 '작은 수의 비교적 정상인들이 한두 사람의 전문가의 지도 아래 집단 혹은 상호관계성의 역학을 토대로 하여 신뢰롭고 수용적인 분위기 속에서 개인의 태도와 행동의 변화 혹은 한층 더 높은 수준의 개인의 성장 발달 및 인간관계 발달의 능력을 촉진시키려는 의도에서 이루어지는 하나의 역동적 대인관계 과정' 이라고 정의할 수 있다.

<표1> 민간 집단상담과 군 집단상담의 차이

구 분		민간상담	군 상담
목 표	최종목표	개인의 자아실현	군의 목표 달성
	중간목표	개인성장 목표 달성	부대목표 달성
	단기목표	개인문제 해결	문제해결
상호작용 형태		수평적 상호작용	복합적 상호작용
상호작용 환경		한시적 상호작용 환경	지속적인 상호작용 환경
회기 특성		회기의 정시성이 매우 요청됨 주제 구성의 경직성	회기의 정시성 담보 어려움 주제 구성의 유연성
조직의 역동성		수평적 속성이 중요시 친밀성과 응집력이 중요 개인과 집단목표의 연계	위계적 속성의 지속성 충성심과 복종심의 존재 개인목표와 지휘관 목표의 연계
가치 정향성		가치 중립적	가치 지향적

군 집단상담의 정의

위에서 살펴본 일반적 집단상담의 정의는 보편적 속성은 동일하다고 할 수 있다. 그러나 이를 군에 그대로 적용될 수 없다. 왜냐하면, 군 집단은 일반집단과 목적 및 상호작용의 형태, 구성원의 특수성 등에서 다른 집단과 다르기 때문이다. 이를 살펴보면 다음과 같다.

① 군 상담의 목적

군 집단상담은 목적에서 군의 인적자원을 바탕으로 이들이 단기적으로는 문제해결을 달성하고, 중기적으로 부대의 목표를 달성하며, 궁극적으로는 군이 요구하는 핵심 역량을 갖추도록 조력하는 것이다. 개인의 성장과 발달 및 인간관계 능력을 촉진하는 일은 군의 목표를 효과적으로 수행하는데 조력할 수 있는 것이어야 한다.

군의 경우, 군인정신을 달성하는 것이 목표이며, 언제 어디서라도 긍정적인 가능성을 찾아내는 탁월한 긍정적 사고가 군인정신이라고 가정할 수 있다. 그렇다면 군 집단상담은 상호간의 긍정적 상호작용이 집단역동의 근간이 될 것이다. 즉, 개인이 제한된 상황, 혹은 극한적 상황 속에서도 무엇이 가능한가를 찾아보는 심리적 능력을 육성하는 집단상담이 주 활동이 될 것이다.

② 상호작용 형태

군 집단상담은 집단 내에서의 상호작용 형태가 다른 집단과 다르다. 집단상담 중에도 수평적 개인과 만나는 과정이 아니라 위계적 관계에 있는 장병들의 만남이 지속된다. 결과적으로 판단에 대한 두려움 없이 자신의 내면세계를 개방하기가 어려운 상황에 노출될 수 있다.

반면에 군 자체가 가지고 있는 상호 신뢰성을 개발하는 경우, 단시간에 집단상담의 응집성이 발달될 수 있는 특성 또한 가지고 있다. 따라서 위계적 관계의 특수성을 강점으로 활용할 수 있는 군 집단상담이 필요할 것이다.

③ 상호작용 환경

집단 상호 작용의 환경이라는 측면에서 볼 때, 일반 집단상담원들은 특정 기간만 모여서 상호작용하고 각자 헤어지는 경우가 많다. 그러나 군 집단의 경우, 집단활동을 하고 있는 기간뿐만 아니라 24시간 내내 같이 생활하는 경우도 있다. 따라서 개인의 활동이 집단에서의 활동과 상이할 경우, 부대 적응에 더 큰 어려움을 겪을 수 있다.

예를 들어, 군에서 같이 기숙하면서, 간부의 언어적 지시와 실제적 행동간의 차이를 부하들이 발견하는 경우, 부하들은 간부의 지시에 대해 충분한 신뢰를 주지 않을 수도 있다. 또한 집단상담 장면 내에서는 부드러운 언어를 사용하면서 대화하다가, 훈련 중에는 거친 말을 할 경우, 상호간의 의사소통 장애를 초래할 수 도 있다.

④ 군 집단상담 회기 특성

군 집단상담은 회기의 길이가 일정하지 않을 수 있고, 언제라도 주제가 발생하는 경우, 즉각적으로 실시할 수 있다는 이점이 있다. 일반적으로 집단상담은 집단원을 모집하고, 공통의 주제를 선정하며, 일련의 집단발생과정을 거쳐서 집단상담을 실시하기 때문에 상당한 사전준비와 시간을 요한다. 그러나 동일한 조직 내에서 집단 활동을 지속적으로 실시하고 있는 군의 경우, 특정 주제에 대한 2~4시간 정도의 집단활동을 통하여 집단상담 효과를 얻을 수 있다.

즉, 헤어진 이성친구에 대해 고민하는 병사들이 있는 경우, 생활관에서 그 주제에 대해 상호지지하거나 심리적 상호작용을 통하여 문제를 해결할 수 있도록 조력할 수 있다. 이런 점에서 군은 효과적인 집단상담이 항시 가용한 조직이라고도 볼 수 있다.

⑤ 군 조직의 역동성

군 조직의 역동성이란 어떤 의미인가를 이해하는 것이 군 집단상담을 파악하는데 중요한 요소가 된다. 군 조직은 첫째, 계급에 의한 위계적 집단이다. 집단장면 내에서 일어나는 다양한 역동은 계급이라는 위계 속에서 일어나며, 이러한 현상은 일반 집단에서는 관찰하기 어렵다. 따라서 집단 활동을 기획하거나, 반응을 할 때, 이러한 요소의 영향력을 고려해야 한다.

둘째, 위계적 조직에 따른 충성심과 복종심이 항상 존재하는 집단이다. 자유를 강조하는 일반 집단과는 달리 군 집단상담은 결국 충성심과 복종심의 강화를 통한 안정적이고 원활한 부대 운영과 전투력 강화라고 하는 목표를 벗어날 수 없다. 따라서 매

회기마다 구성원들간의 충성심과 복종심이 어떻게 전개되고 있는가를 관찰할 수 있어야 한다.

셋째, 군 집단상담은 지휘관의 부대운영원칙을 인식시키고, 군의 목표를 달성하되, 그 결과로 개인의 목표도 동시에 달성될 수 있도록 운영되어야 한다는 것이다. 특정 부대는 그 부대의 지휘관에 의해 다양한 행동 전개가 일어나게 된다. 민주적 지휘관도 있고, 독재적 지휘관도 있으며, 방임형 지휘관도 있을 것이다. 각 지휘관은 자신의 방식으로 부대와 부대원의 안전을 확보하고자 최선을 다 하는 사람들이다. 따라서 이들의 방침과 일치하면서 부대원의 특성이 드러날 수 있도록 돕는 방법을 제공하여야 한다.

중요한 것은 지휘관은 자신의 방식으로 부대와 부대원들을 지키고자 최선을 다 하는 사람들이라는 점을 인식하는 것이다. 따라서 부대 지휘관의 부대방침을 생산적으로 수행하면서, 개별 장병의 목표가 달성될 수 있도록 집단이 운영되어야 한다.

⑥ 군 집단상담의 가치지향성

군 집단상담은 가치 중심적인 일반적 집단상담과는 달리 가치 지향적 집단상담이 진행된다. 군 조직은 전쟁의 억지와 전쟁 발발 시 승리를 목적으로 하고 있다. 따라서 군 상담은 구성원들로 하여금, 군 조직에 더욱 효과적으로 적응하고, 전투력을 강화할 수 있는 프로그램으로 구성되어야 한다. 여기에는 군에서 사용되는 개념에 대한 집단(충성심, 계급, 훈련의 의미, 지휘와 명령, 국가관) 등이 포함될 수 있다.

이상에서 살펴본, 군 집단상담의 특성 맥락에서 해석하면, 군 집단상담은 "비교적 작은 수의 군 장병들이 훈련받은 전문가의 지도 아래 군 조직의 역동성을 활용한 부대 혹은 군 조직의 위계적 상호작용 특성을 바탕으로, 최적의 긍정성 확보를 위해 노력하는 수시 및 일정 기간에 걸쳐 진행되는 일련의 대인관계과정이라고 할 수 있다. 즉, 군 내부에서 일어나는 집단역동을 바탕으로, 부대 혹은 군의 목표를 달성하도록 조력하는 일련의 심리적 전문과정이다.

4. 군 집단상담과 집단토의 또는 군 집단지도

군 집단상담을 이렇게 정의하는 경우, 가장 두드러지는 논쟁거리는 '군 내에서도 집단상담이 가능한가?' '집단상담이 아니라 집단지도에 속하는 것이 아닌가?' 하는 문제일 것이다. 즉, 군 집단상담이 군의 지향하는 정신을 창출하기 위한 일련의 심리적 집단 활동과정이라면, 이는 위계적으로 구성되고, 부대가 원하는 목표를 달성하도록 구성되기 때문에 집단지도에 가깝다고 볼 수 있기 때문이다.

이장호, 김정희(1995)는 집단지도와 집단상담은 서로 밀접한 관련이 있으면서도, 이론적으로나 성격상으로 동일한 것이 될 수 없다고 강조하고 있다. 집단상담은 5~15명 내외의 소집단을 대상으로 심리적 갈등문제 등을 집단원 중심으로 접근하는 것이고, 집단지도는 20여 명 내외의 중간 크기의 집단을 대상으로 인간관계 및 능력개발 등의 목표는 주로 지도자에 의한 훈련을 통해 접근하는 방법이다. Ohlsen(1970)은 집단상담을 심한 정서적 문제를 갖고 있지 않은 사람들을 위한 치료적 경험, 집단치료를 병적 문제, 즉 정서 장애자들을 위한 치료적 경험으로 전제한 다음, 학교 상담자를 위해서는 집단상담이 집단지도와 구별되어야만 한다고 주장하고 있다. 즉 그에 의하면 보통으로 학교 집단지도의 지도자는 교육적, 직업적 혹은 사회적 정보를 제공하고, 집단원들로 하여금 그 정보들의 적합성을 토의하도록 지도한다. 그러니까 집단지도의 참여자들은 어떤 정보를 얻거나 특수한 기술을 배운다는 등의 공동목표를 갖지 않는다. 집단상담의 목적은 참여자로 하여금 자기 자신의 보다 개인적인 문제들을 집단에 내어 놓고 취급하므로 각기 자신의 방법으로 그 문제들을 해결하도록 도우려는 것이기 때문이다. 위의 여러 견해들을 종합해 보면 군에서 시행하고 있는 집단상담은 집단지도에 가까운 개념이라고 볼 수 있다.

그러나 흥미로운 점은 군은 동일한 인적 자원으로 구성되어 있고 유사한 근무 및 생활환경을 공유하고 있기에 집단 활동을 하는 경우, 이는 실제로 개인차를 보여주고 서로가 어떤 점에서 같으며, 어떤 점에서 다른가를 탐색해 보고 조정하는 기회를 제공한다. 또한 정보 제공만을 목적으로 하는 것이 아니라, 제시된 정보에 대한 새로운 관점을 도모한다는 점에서 군 집단활동은 집단상담에 속한다고 말할 수 있다.

실제로 육군 야전교범 15-1 군종업무(육군본부, 2004)에 집단상담을 부대원간에 인간관계의 갈등이 있는 부대를 대상으로 소규모로 그룹을 구성하여 인간관계를 발전시키는 것을 목표로 사용할 것을 권장하고 있다. 각 부대의 집단프로그램은 부대사정이나 지휘관의 관심정도에 따라 다양하게 실시되고 있으며, 비교적 많이 알려진 프로그램은 비전캠프가 있다.

비전캠프(육군본부, 2003)는 2003년 육군에서 시행하고 있는 자살사고 예방프로그램으로써, 자살 우려자 및 심한 군 복무 부적응자를 대상으로 소그룹 단위의 심리치료를 통해 왜곡된 인식체계의 전환과 문제해결 능력을 배양시켜 군 복무 조기적응 및 자살사고 예방에 기여하는 것을 목표로 하고 있다. 이 프로그램은 군단 및 사단 단위의 군종장교 지도로 휴양소 및 교육대에서 20~30명의 소그룹 형태로 대상은 〈표1-1〉 입소대상자 선발과정에서와 같이 성격 장애자와 역기능 가정에서 성장한 병사, 허약한 체질 및 위기대처 능력이 약한 병사 등 군 복무에 있어 적응장애를 겪고 있는 인원들이다. 1회 진행 시 15~20명 내외로 대상자를 참석시키며, 프로그램 진행 시 집단이 역동성을 가질 수 있도록 하기 위해 5명 내외의 동료 상담자를 포함하고 있다. 프로그램은 자기소개, 이야기 나누기, 군 경험 소개, 생명의 존엄성 교육, 개별 면담 등과 같은 내용으로 구성되어 있으며 3박 4일간 운영하고 있다. 이주실(2007)은 비전캠프 프로그램에 대한 연구에서 프로그램 자체는 자살예방에 효과가 있다고 실증적으로 분석하고 있다. 설문 조사시 비전캠프 프로그램에 참가해 볼 의향을 묻는 항목에서 응답자의 57%가 참가하지 않겠다는 의사를 밝혔으며, 그 이유로 가장 많이 제시된 것이 비전캠프에 입소한 병사를 문제병사로 인식하는 주변의 시선과 비전캠프는 문제 있는 병사들만을 위한 프로그램이라는 인식 때문인 것으로 나타났다. 비전캠프 입소 경험이 없는 병사집단에서는 프로그램의 효과성에 대해 부정적인 평가가 우세한 것으로 나타났는데, 이러한 병사들의 부정적인 인식도 프로그램의 효과에 영향을 미칠 수 있을 것으로 판단하고 있다. 이외에도 각 부대의 사정에 따라 이등병캠프, 병장캠프, 자기표현훈련 프로그램, 소부대 응집력향상 프로그램, TA집단상담 등이 부분적으로 실시되고 있다.

<표1-1> 입소대상자 선발과정

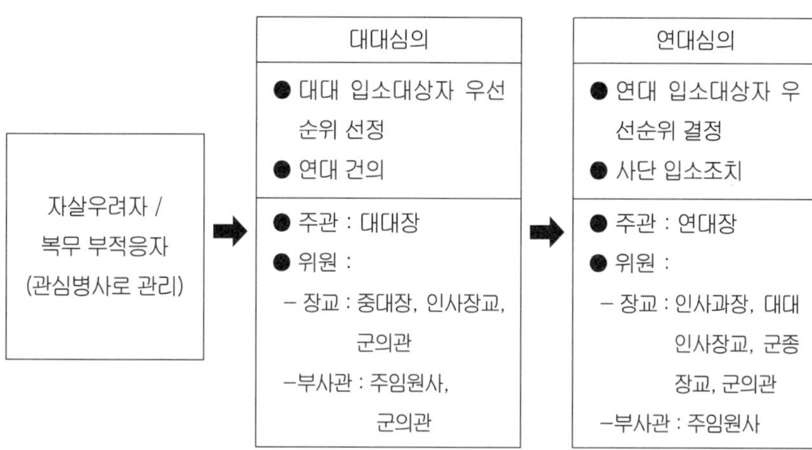

5. 군 집단상담의 목표

군 집단상담의 목표는 거시적 관점과 미시적 관점으로 나누어 볼 수 있다. 거시적 관점이 군 자체에서 지향하고 요구하는 역량과 목표를 달성하는 것을 조력하는 것이라면, 미시적 관점은 개개 장병이 속한 부대와 개인의 목표를 달성할 수 있도록 조력하는 것이라고 할 수 있다. 보다 구체적으로 살펴보면 군이 요구하는 상담 등의 활동을 통해서 얻고자 하는 목적은 군인정신을 통한 군인화를 이루고 이를 바탕으로 군이 지향하는 목표 달성에 기여하고자 하는 것이다. 그리고 안정적인 부대관리를 달성하며, 개개 장병의 심리적 문제 해결을 도와서 사기 높은 부대, 안전한 군 생활을 보장하는 것이라고 할 수 있다. 이를 간략히 살펴보면 다음과 같다.

1) 거시적 관점의 목표

군 집단상담은 군 조직의 목표와 특성에 맞추어 군 장병의 성장과 발달을 돕는 부대 분위기를 조성하고 핵심역량을 개발하여 군 목표 달성에 조력을 기하도록 구성하여야 한다. 즉 군인으로서의 정체감을 다지고 자긍심과 명예심을 확고히 하는 등 자신의 삶을 확장하여 의미 있는 조명을 함으로써, 자발적으로 승복하여 군 생활에 활력을 불어 넣도록 교육하고 지도하여야 한다. 또한 군 자체의 목표 달성을 위해 역량을 계발하고, 나아가 이것을 개인이 사회에 진출하여 적용할 수 있는 개인의 성장에 유용한 역량과 연계할 수 있는 조망력을 키우므로 개인이 군 조직의 목표에 적극적이고 생산적으로 참여할 수 있도록 조직하여야 한다.

그렇다면 군이 요구하는 역량이나 목표는 무엇인가? 지도자는 군 장병으로 하여금 군 자체 역량을 개발하는데 심리적으로 도울 수 있는 프로그램을 구성하여야 한다. 먼저 군인 정신과 군 역량에 관하여 살펴보도록 하자.

(1) 군인 정신과 군 요구 역량

헌법 제5조 2항에는 '국군은 국가의 안전보장과 국토방위의 신성한 임무를 수행함을 사명으로 한다.' 고 명시되어 있다. 군인 복무규율 제4조 2항에는 '국군은 대한민국의 자유와 독립을 보전하고 국토를 방위하며 국민의 생명과 재산을 보호하고, 나아가 국제 평화의 유지에 이바지함을 그 사명으로 한다.' 고 규정되어 있다. 즉 국군의 사명은 국가와 국민을 보위하는 것이고, 군인의 본분은 위국헌신에 있는 것이라고 할 수 있다. 따라서 군인에게는 일반 사회인과는 달리 개인의 이익이나 목적보다 군대 조직의 목표가 우선하고, 유사시에는 군을 위해 생명까지 바치는 희생이 요구된다. 따라서 군인에게는 이러한 본분을 행동으로 실천하기 위해서 일반 사회집단이나 조직이 지니는 가치와 태도와는 분명히 다른 특별한 사고와 행동의 지표와 기준이 되는 군인 정신이 필요하며 이것을 통하여 군인으로 만들어져 가며 군인으로 다시 태어나게 되는 것이다.

대한민국 군인으로서의 갖추어야 할 정신은 어떠한 것인가? 군인복무규율에 '군인정신은 전쟁의 승패를 좌우하는 필수적인 요소이다. 그러므로 군인은 명예를 존중하고 투철한 충성심, 진정한 용기, 필승의 신념, 임전무퇴의 기상, 죽음을 무릅쓰고 책임을 완수하는 애국애족의 정신을 굳게 지녀야 한다.' 고 명시하고 있다. 이는 군인정신의 중요성과 함께 6대 덕목을 제시하고 있다.

국방부 2007년도 연구에 의하면, 병사, 부사관, 위관, 영관급의 전 계층의 공통 기초역량과 각 계층별로 기술역량을 도출하였다. 이것은 내면화한 군인정신 6대 덕목을 현실에서 실현할 수 있도록 보여주는 구체적인 역량이라고 할 수 있다. 전 계층의 공통 기초역량에는 성향적 측면에서 충성심(가치지향적 사고), 용기 및 담대함, 인내력(자기통제력)이며, 태도적 측면에서는 책임감, 명예, 윤리성 그리고 행동적인 측면에서는 솔선수범, 체력(전투력), 예의와 절도(예의범절)로 분류되어 나타났다. 또한 기술역량에서는 병사들은 협력하여 일하기(Working Together)로서 복종심, 협력과 팀워크, 보고 및 의사전달능력, 상담스킬 등이 요구되었다(국방부, 2007). 이를 표로 나타내면 아래와 같다.

<표1-5> 집단상담의 목표

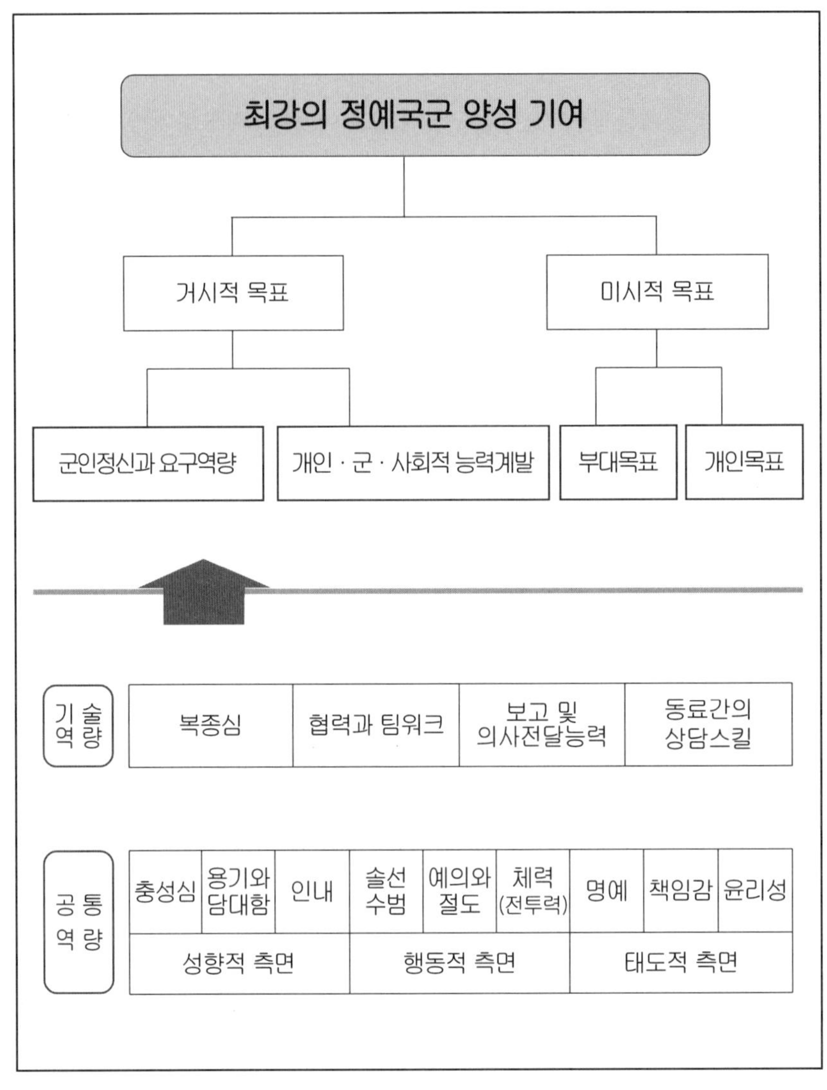
최강의 정예국군 양성 기여
거시적 목표
미시적 목표
군인정신과 요구역량
개인 · 군 · 사회적 능력계발
부대목표
개인목표
기술 역량
복종심
협력과 팀워크
보고 및 의사전달능력
동료간의 상담스킬
공통 역량
충성심
용기와 담대함
인내
솔선 수범
예의와 절도
체력 (전투력)
명예
책임감
윤리성
성향적 측면
행동적 측면
태도적 측면

먼저 모든 계층의 공통역량과 내용을 보면 다음〈표1-6〉과 같다.

<표1-6> 군의 공통 역량 - 성향적 측면

성 향 적 측 면	
충 성 심 (가치지향적사고)	자신이 추구하는 가치에 대해 신념과 소신을 가지고, 그 가치를 지키고 또 이루어 나가기 위해 기꺼이 희생을 감수하려는 태도
용기 및 담대함	옳지 않은 일에 휩쓸리지 않으며, 힘들고 위험한 상황에 처했을 때 회피하지 않고 당당히 맞서려는 태도
인 내 력	어떤 육체적/정신적 고통을 당하더라도 자신의 감정을 조절하고, 감정에 흔들림 없이 대처하며, 끈기 있게 견뎌내는 능력

성향적 측면으로서, 충성심은 자신의 참다운 가치를 실현하기 위해 기꺼이 희생을 감수하는 정성스러운 마음이다. 예를 들어 부대가 추구하는 목표를 달성하려고 최선을 다하는 것이다. 용기 및 담대함은 위험한 상황에라도 당당히 맞서려는 태도로서, 예를 들어 옳은 일에 대해서는 끝까지 옳다고 주장할 수 있는 냉철함을 갖는 것이다. 인내력은 고통 가운데서도 끈기 있게 견뎌내는 능력으로서, 예를 들어 어떠한 어려움 속에서도 자신의 감정을 조절하고 과업을 끝까지 완수하여 기쁨을 누리는 것이다.

<표1-7> 군의 공통 역량 - 행동적 측면

	행 동 적 측 면
솔 선 수 범	매사에 모범을 보이며, 특히 힘들고 위험한 임무수행 시 다른 사람보다 먼저 임무를 완수하려고 노력하는 태도
예의와 절도	말이나 행동에 있어 상대방을 존중하여 예로써 대하며, 알맞게 규칙적인 한도를 지키는 자세
체력(전투력)	임무수행에 필요한 신체적 능력으로, 행군 및 전투 등 힘들고 어려운 신체적 활동을 충실히 완수해 낼 수 있는 능력

행동적 측면으로서, 솔선수범은 매사에 타인의 모범이 되어 임무를 완수하려는 태도로서, 예를 들면 귀찮거나 궂은 임무를 부여받았을지라도 먼저 일에 착수하고 완성함으로써 다른 사람들의 모범을 보이는 것이다. 예의와 절도는 상대방에 대하여 존중

하는 마음으로 적절한 언행을 지키는 자세로서, 예를 들어 상관에게 절도 있는 경례를 하고 전우에게 예의를 지키는 것을 말한다. 체력은 행군 및 전투 등 임무수행에 필요한 신체적 능력을 충분히 갖춘 것을 말한다.

<표1-8> 군의 공통 역량 - 태도적 측면

태 도 적 측 면	
명 예	군인으로서 자긍심을 가지고, 용모 및 언행에 있어 타의 모범이 되며 품위를 유지하려는 태도
책 임 감	맡겨진 일에 최선을 다하고, 그 임무수행의 결과를 남의 탓으로 돌리지 않고 스스로 책임을 지려는 태도
윤 리 성	군의 규범 및 도덕적 가치판단에 따라 옳고 그름을 판단하며, 바른 행동을 행하는 태도

태도적 측면으로, 명예는 국가와 민족을 사랑하며 각자의 임무에 대하여 보람과 자부심, 긍지를 가지는 태도로서, 예를 들어 국가의 신성한 의무를 다함으로서 국민의 존경을 받을 수 있는 군인다운 품위와 헌신을 잃지 않는 것이다. 책임감은 맡아서 해야 할 임무나 의무를 중히 여기는 마음자세로, 예를 들어 임무수행에 최선을 다하고 또한 그 결과에 대한 책임을 기꺼이 수용하는 태도이다. 윤리성은 사람으로서 마땅히 행하거나 지켜야 할 도리로서, 예를 들어 군인으로서 본분을 다하고 군의 규정과 방침을 따르는 것이다.

<표1-9> 병사의 기술역량

병사의 기술역량	
복종심	상급자에 대한 존경과 신뢰를 갖고, 상사의 지시와 명령에 복종하며 기꺼이 따르는 태도
협력과 팀워크	공동의 목표를 달성하기 위해 상호간 의견을 조율하고, 한 방향으로 힘을 결집토록 분위기를 조성하는 능력
보고 및 의사전달능력	전달하고자 하는 내용을 상대방이 명확하게 이해하고 수용하도록, 설명하거나 설득하며, 원활한 대화가 이루어지도록 상대방의 말을 경청하며, 효과적인 언어와 제스처로 표현하는 능력
동료 간의 상담스킬	동료의 고민 및 문제를 감지하고, 상대방이 고민을 개방할 수 있는 분위기를 조성하며, 그 고민을 이해 및 수용해 주고, 그 문제를 해결해 나갈 수 있도록 도와주고 조언해 주는 능력

부사관, 위관, 영관의 기술 역량에 관하여는 “군 계층별 역량모델개발 프로젝트, 국방부, 2007. p.76”을 참고

병사의 기술역량으로서, 복종심은 자신의 견해와 다르더라도 상급자의 지시와 명령을 기꺼이 따르는 것이다. 군인은 평시에는 전쟁을 억제하지만 전쟁이 일어났을 경우에는 적과 싸워 반드시 승리해야 한다. 따라서 명령에 즉각적이고 자발적인 복종은 습득해야 할 기술역량으로서 매우 중요하다. 협력과 팀워크는 장병들과 더불어 서로 협력해서 임무를 수행하는 능력으로서, 각 개인이 갖는 충성심은 한 방향으로 힘을 결집하는 분위기를 조성하여 팀워크와 전우애를 더욱 돈독히 한다. 보고 및 의사전달 능력은 전달하고자 하는 내용을 명확하게 표현하는 것으로서, 예를 들어 상관에게 정확하고 명확하게 전달사항을 보고하고, 다른 전우들에게는 전달내용을 잘 이해시키는 것을 말한다. 동료 간의 상담 스킬은 고민이나 문제가 있는 동료의 말을 잘 경청하고 효과적으로 조언을 해줄 수 있는 능력으로서, 예를 들어 심리적으로 힘들어하는 전우가 문제를 이겨 나가는 동안 그의 마음을 알아주고 버팀목이 되어주는 것이다.

군 집단상담 프로그램은 이러한 역량과 목표를 달성하도록 구성하여야 할 것이다.

(2) '개인 - 군 - 사회' 의 능력 계발의 연계

최근 정부와 군에서 관심을 두는 분야는 국가 인적자원 개발과 군 인적자원 개발 상호간의 공통분야이다. 따라서 군 역량관리 방향 및 민간역량과의 연계방안을 모색하여야 한다. 즉 이상적인 군 교육의 역할은 미래 전에 대비한 전투인력양성과 지식사회에 활용될 직업인 육성에 있다고 할 수 있겠다(국방부, 2007).

예를 들면 사격훈련을 통하여 집중력, 신체균형, 담대함 등의 능력을 획득할 수 있다. 또한 제식훈련을 통하여서는 전 방위적으로 자신을 볼 수 있는 능력을 터득함으로 말미암아 간부와 병의 인간관계를 포함한 인사관리 능력을 계발할 수 있다. 이를 위해서는 군에서 배운 역량과 기술을 사회에서 적용할 수 있어야 하고, 사회의 다양한 경험과 지식을 군에 활용할 수 있는 '심리적 틀' 혹은 '프레임' 을 구축하여야 한다.

그러므로 군 집단상담 또한 거시적 관점으로서 이러한 군의 현실적인 요구에 부합하여 프로그램을 구성하여야 할 것이다. 즉 집단상담을 통하여 부대원들이 군에서 계발한 역량을 개인의 역량으로 전환하고, 다시 군의 목표를 달성하는데 기여하고 나아가 사회에 이바지하는 '개인 - 군 - 사회' 를 연계하여 조망할 수 있는 능력을 갖도록 조력하여야 할 것이다.

다시 말해서 군 집단상담은 부대원이 '조직 - 내 - 개인' 으로서의 자기이해를 더욱 돈독히 하고 군인으로서의 정체성을 확고히 함으로 자긍심을 갖으며, 군에서 획득하는 역량의 가치를 귀중히 여기고 나아가, 국가와 사회의 부름에 응답할 수 있는 소명감과 봉사정신을 함양하여, 더 높은 자아실현을 할 수 있는 통로가 되도록 구성되어야 한다. 이것을 위하여 자기 수용의 능력과 함께 자기개방과 주장을 할 수 있는 의사소통 능력, 타인과 대인관계를 형성할 수 있는 친화력, 자신에게만 집중된 관심과 애정을 외부로 전향하는 이타주의, 그리고 하나가 되어 발맞추어 나아가는 공동체 의식 등의 능력도 함께 획득할 수 있어야 한다.

군 장병은 이러한 부분이 심리적으로 조기에 적응하지 못하면, 위기에 처할 때 방향성과 가능성을 찾기 어려우며, 또한 군이라는 제도 속에서 국가적으로나 개인적으로 많은 손실을 초래하고, 전투력 향상에 전력을 다하는 것에도 지장을 초래할 수 있다. 때문에 군 집단상담은 군 장병이 군의 특수성 속에서 군조직의 목표를 달성하는데 지렛대 역할로써, 조력할 수 있도록 프로그램을 구성하고 계획할 때 고려하여야 한다.

2) 미시적 관점의 목표

미시적 관점으로는 부대의 목표 및 조직문제를 해결하는데 조력할 뿐만 아니라, 그 과정에서 개인의 문제해결과 성장 및 목표달성이 가능하도록 구성되어야 한다. 이를 통하여 안정적인 부대 관리를 달성하며, 개개 장병의 심리적 문제해결을 도와서 사기 높은 부대, 안전한 군 생활을 보장하는 것이다.

(1) 부대 목표

군 집단상담 프로그램은 부대의 특성과 대상에 따라 다르게 적용되므로 그에 따라 목표도 달라질 수 있다. 부대의 특성을 고려한다면, 육군과 해군, 공군과 특수부대 또는 일반부대 등을 들 수 있고, 대상별로는 대다수가 병사들과 소수의 간부로 조직된 부대와 간부 중심으로 조직된 부대가 있다. 또한 부대가 지향하는 가치와 지휘관의 지휘 방침 등에 따라 달라질 수 있다.

예를 들어 특정훈련에 참가한 장병과 참가하지 않은 장병 간에 불협화음이 있다면 이를 해결하는 상담 프로그램을 구성하는 것이 이 부대의 목표가 될 것이다. 또한 집단상담을 통하여 소대원간에 화합을 도모하고, 몇몇 관심 병사들이 부대 내에서 적응을 잘하고 긍정적인 사고를 가질 수 있도록 한다면, 이 경우에는 적응적 혹은 대인 관계적 집단상담을 구성하는 것이 목표가 될 것이다. 또한 사단 전 병사들을 대상으로 집단상담을 실시하여 문제를 미연에 예방하고 부대안정을 도모하여 강군 만들기에

전력하고자 한다면, 또래 상담이나 자기성장 훈련 프로그램을 필요로 할 것이다.

(2) 개인 목표

군 집단상담을 통한 개인의 목표는 저마다 다르다. 대체로 개인의 문제해결, 발달적 과제 및 성장, 개인적 관심사 등으로 나누어 볼 수 있다. 개인의 문제 해결에는 이성교제, 가족과 관련된 걱정거리, 경제적 문제, 부대 부적응으로 인한 우울이나 불안, 흡연 등이 있다. 발달적 과제 및 성장에는 정체성 형성, 대인관계의 두려움, 업무수행 능력, 의사소통 방법, 자신감 갖기, 긍정적 사고로 전환하기 등이 있다. 개인적 관심사로는 앞으로의 진로, 적성 관련문제, 비전찾기 등이 있다. 집단상담 프로그램은 이러한 개인의 목표가 달성될 수 있도록 구성하여야 할 것이다.

지금까지 군 집단상담 프로그램 구성의 목표를 거시적 관점과 미시적 관점으로 나누어 살펴보았다. 군 집단상담의 목표를 설정할 때는 이 두 가지 관점이 잘 어우러져야하고, 특히 미시적 관점에서의 부대가 원하는 목표와 개인이 원하는 목표가 서로 상충되지 않고 일치되도록 구성하는 것이 중요하다.

제 2 장

군 집단상담의 유형과 운영원리

1. 각 군별 집단상담의 특성

군 집단상담은 신세대 장병의 성장과 발달을 돕는 부대 분위기를 조성하여, 최강의 전투 임무수행능력 발휘의 토대를 구축하고, 병영문화 개선의 중추적 역할에 기여하기 위해 실시하는 상담방법이다. 즉 '군의 내부에서 일어나는 집단역동을 바탕으로 개인과 부대의 목표를 달성하도록 조력하는 일련의 전문과정' 을 말한다.

그렇다면, 군 집단상담 프로그램의 운영은 부대의 특성과 대상에 따라 다르게 적용되어야 할 것이다. 부대의 특성을 고려한다면 육군, 해군, 공군과 특수부대 또는 일반부대 등을 들 수 있고, 대상별로는 일반적인 지휘체계가 지휘관과 몇몇의 간부, 대다수의 병사들로 조직된 부대와, 간부 중심으로 조직된 부대가 있다. 이처럼 다양하게 구성된 군에 대한 집단상담은 부대와 대상에 따라 프로그램을 적용해야 한다. 이를 각 군별로 살펴보면 다음과 같다.

1) 육군의 특징

(1) 육군의 목표와 임무

> 대한민국 육군의 목표는 국가방위의 중심군으로서 전쟁억제에 기여하고 모든 지상전에서 승리하며, 국민편익을 지원하면서 정예강군을 육성하는 데 있다. 임무는 정예육군으로 전쟁억제 및 비군사적인 위협에 대비하고, 유사시에는 지상전에서 압도적으로 승리하며, 국익증진 및 국민편익을 지원한다.

육군은 국가방위의 중심군으로 지상전에서 압도적 승리와 이를 위한 정예강군을 육성하는 것을 목표로 하고 있다. 이는 지상군으로 수행해야 하는 제반 업무에 대한 훈련과 교육, 정신전력 강화를 포함한다. 육군의 목표와 임무는 군의 편성과 가치 및 상담교육과정에 중요한 기준이 된다.

(2) 육군의 편성

이를 달성하기 위해 육군은 제대단위가 소대, 중대, 대대, 연대, 여단, 사단, 군단, 군사령부 등으로 구성되어 있다. 특히 육군의 임무를 수행하기 위해 다수의 병과 이들을 지휘할 소수의 간부로 구성되는 경우가 많다.

(3) 육군의 핵심가치와 덕목

대한민국 육군은 국가방위의 중심군으로서 전쟁억제에 기여하고, 모든 지상전에서 반드시 승리하며, 국가비상사태나 환경오염, 재해피해 등이 발생했을 때, 재난극복을 위해 선도적인 역할을 하여 국민편익을 지원하는 것은 물론, 군 복무 중 자기계발과 국가관, 애국심, 사회봉사, 사회성 확립 등으로 정예강군을 육성해야 한다.

육군은 확고한 안보관과 대적관을 확립한 가운데 어떠한 상황에도 대처할 수 있도록 전투준비태세를 유지하고, 미래전에 대비하여 정보화 · 과학화된 선진 육군건설을 위한 개혁과제를 추진해 나간다. 전문화된 육군이 되도록 제대별 임무수행을 보장할 수 있는 실전적 교육훈련을 강화하고, 강한 전사 및 강한 군대를 육성해 나가는 체제를 유지한다. 미래전은 고도의 첨단 정보기술을 이용한 네트워크 중심으로 광범위한 지역에서 통합된 작전요소들이 네트워크로 상호 연결되고, 실시간 각종 정보를 공유하면서 지식 · 정보기반의 작전, 효과 위주의 작전, 반드시 승리를 위한 동시 통합전으로 전개될 것이다.

육군은 효율을 중시하는 현장중심의 경영마인드를 적용하여, 보다 능률적이고 경제적인 군을 운영하고, 일사불란한 지휘체계와 군 기강이 확립된 가운데 상호존중과 배려의 병영문화를 정착시키고, 근무환경과 병영생활 복지분야를 지속적으로 개선해 나가야 한다.

그뿐만 아니라 육군은 군 본연의 임무에 충실하면서 국민이 마음 놓고 자식을 맡기는 군대, 국가와 지역사회 발전에 적극 동참하고 국민의 편익을 존중하는 국민의 군대로 거듭나게 노력하고 있다. 또한 국내 및 국제적인 변화를 인지하고 그에 따른 변화를 주도하고 '정예화된 선진육군' 건설에 동참하여 '국민 속의 육군' 으로 성장해 나가야 한다.

(4) 육군 집단상담 시 고려 사항

육군은 '국가방위의 중심군' 이라는 자부심을 가지고 있으며, 가장 많은 병력을 운용하고 있다. 육군은 전국에 걸쳐 분포하고 있으며, 다양한 문화적, 사회적 배경을 지닌 인적자원들이 함께 근무하게 된다. 소수의 간부와 다수의 병으로 구성되기에 모든 병력을 한꺼번에 통제하기가 어려운 상황에 놓이게 된다. 병들의 경우 자원입대 보다는 징집에 의한 병역의 의무를 수행하기 위해 입대를 하였고 간부의 경우에는 장교 또는 부사관으로 임관하여 교육과정에 따라 독특한 문화를 구축하고 있다.

결과적으로 관계단절을 경험한 신세대의 모든 특징이 가장 두드러지게 나타나는 곳이 육군이다. 부모들의 이혼 등으로 관계 단절이 익숙한 신세대는 충성심과 같은 관계지속적가치보다는 자신에게 유리하거나 불리한 것에 근거하여 조직에 충성심을 보일 가능성이 매우 높다.

또한 지상군으로서 특정 기술을 익히기 보다는 신체중심의 훈련과정과 전략전술 기반에 따라 전역 후의 진로에 대한 관심이 가장 높은 집단이 될 것으로 예측된다.

따라서, 육군을 위한 집단상담 프로그램은 (1) 미래지향적 시간관념을 발전시키고, (2) 다양한 사회 및 문화적 영향력에 대한 관용성을 강화하며, (3) 군의 경험이 사회의 역량으로 연계되는 상담교육이 매우 필요하다. 나아가 (4) 각 제대단위별 자긍심을 강화할 수 있는 프로그램을 개발하며, 실시하는 경우에는, 부대적응도를 높일 것으로 판단된다. 마지막으로 제대단위의 전투가 주 목적이기 때문에 (5) 조직원간 팀워크와 충성심 강화 프로그램이 요청된다.

<표 2-1> 육군 상담의 주안점

• 관계단절을 경험한	➜ 관계지향적 교육
신세대 장병의 입대	➜ 미래지향적 시간관념 육성
• 다양한 배경을 가진 장병의 연합	➜ 다양한 배경에 대한 관용성
• 군과 사회의 단절성	➜ 군과 사회경험의 연계성 확보
• 부대편제 단위	➜ 제대단위별 자긍심 강화
• 독립적 작전 수행 능력 필요	➜ 팀워크와 충성심 강화

2) 해군의 특징

(1) 해군의 목표와 임무

대한민국의 해군의 목표는 '국민 속의 해군' 으로서 해양 질서유지와, 해양개발의 충실한 보호자이며, 해상재난 예방 및 구조의 최첨병 임무를 수행한다. 또한 해양환경을 감시하고 국민들의 해양 사상고취를 위한 교육터전을 제공하며, 아울러 국위선

양의 선도자 역할을 수행하는데 있다. 임무는 해상작전 및 상륙작전을 주 임무로 하고, 이를 위해 편성, 장비운용 및 교육훈련을 실시한다.

(2) 해군의 편성

해군은 작전사령부와 함대사령부, 이를 교육 및 지원하는 군수부대 등 다양하게 편성되어 있고, 또한 이를 달성하기 위해서는 부사관 중심으로 운용하고 있다.

(3) 해군의 핵심가치와 덕목

해군은 주변국으로부터 전쟁억제를 위해 강력한 해군력을 보유함으로써 적의 전쟁도발을 억제하고, 해양통제를 위해 필요한 시간과 해역에 대해 적과 외국인의 사용을 거부하여 국민과 아군의 사용을 보장한다. 또한 해상교통로를 보호하여 국민과 우호국 상선의 이동로를 보호하여 국가 경제 활동을 원활하게 한다.

해군은 해양질서 유지와 해양개발의 충실한 보호자로서 해상에서의 테러와 해적활동을 예방하고, 국가 경제 질서를 교란하는 밀수선 및 밀입국을 예방하며, 심해저 탐사장비, 플랫폼, 시추장비 등 해양자원 개발을 위한 시설과 장비를 보호한다. 또한 해상 재난예방 및 구조의 최첨병으로 정확한 해상 기상정보를 수집하고 전파하며, 한반도 전 해상에 함정이 상시 배치되어 있어 해상재난 시 신속히 구조한다. 또한 해군은 해양환경을 지키는 감시자로써 한반도 주변 경제구역을 함정과 항공기로 초계하여, 어자원 남획 또는 해저자원의 불법채취 등 해양행위 감시와 해양오염 방지 등의 환경감시 활동을 수행한다.

(4) 해군 집단상담 시 고려사항

해군의 부대특성을 심리적 관점에서 보면, 해군은 기술군으로서 전문 기술 능력을 필요로 한다. 각자의 역량을 개발하는 것이 곧 조직의 역량을 강화하는 일이 된다. 이에 각 계층별 임무수행과 역할이 뚜렷하게 구분이 되고 있다. 더욱 중요한 것은 해군이 함상생활을 하는 경우, 기술군으로서 자신의 역할에 충실하면 되지만, 동시에 함상의 특성이 상호 유기적으로 연계되어 있다는 점이다. 즉, 각자의 기술이 동시에 하나의 공동운명체로 연결되어 있어야만 최강의 전투력을 발휘할 수 있다.

해양강국 혹은 대양해군으로 성장해 나가기 위해서 절대적으로 필요한 역량을 준비하는 곳이나, 육군에 비해 인원이나 예산면에서 상당한 차이가 난다고 할 수 있다. 또한 근무 및 생활지역이 특정 지역에 편중되어 있기에, 상호간의 친밀성이 매우 요청되는 곳이라고 할 수 있다.

따라서 전문성 중심의 부대편제와 유기적 조직관계 능력이 요청되는 해군은 (1) 전문성에 대한 윤리의식 강화, (2) 한마음으로 이어지는 운명공동체 의식, (3) 부사관 동료와의 인간관계 문제, (4) 심리적 갈등해결, (5) 떨어져 있는 가족과의 관계 문제 등에 대한 강화 프로그램이 〈표 2-2〉과 같이 요청된다.

<표 2-2> 해군 상담의 주안점

• 전문적 기술 능력 요청	➔ 윤리의식 강화
• 운명공동체 의식	➔ 한 마음 의식
• 동료간의 인간관계	➔ 수직적 및 수평적 관계의식
• 심리적 갈등해결	➔ 갈등관리 및 스트레스 해소 기술
• 가족문제	➔ 기능적 가족 모델에 대한 훈련

3) 공군의 특징

(1) 공군의 목표 및 임무

대한민국의 공군은 항공우주력으로 주권을 수호하고 국익을 증진하며, 세계 평화에 기여함은 물론 연합 및 합동전장을 주도하는 항공우주군을 육성하는데 있다. 임무는 항공작전을 주 임무로 하고, 평시에는 전쟁억제 및 국익증진에 힘쓰며, 전시에는 전쟁승리의 핵심역할을 수행한다.

(2) 공군의 편성

공군의 작전사, 비행단, 이를 교육 및 지원하는 군수부대 등 다양하게 편성되어 있고, 적시적으로 출격해야 하는 특성을 고려하여, 일정기간 동안 주둔지 중심으로 근무하고, 장교중심의 부대 운영, 일부 업무분야에서는 준 · 부사관에게 많은 책임감이 주어지고 있다.

(3) 공군의 핵심가치와 덕목

공군은 공군이 지향하고자하는 미래에 대한 전략과 공군의 문화를 대표하는 가치와 사명을 반영하고 있다. 공군의 핵심가치는 도전과 헌신, 전문성 그리고 팀워크이다. 가치관의 변화와 개방의 시대에 공군의 정신적 지주로서, 공군의 사고와 행동에 영향을 끼치는 윤리적 환경을 조성한다.

최근 점차적으로 증가되는 항공우주력에 대한 범정부적 요구사항으로 단기적으로는 다양한 분야의 우수자원 확보 및 교육의 토대를 마련하고, 중기적으로는 국방개혁 2020과 연계하여, 정보력 및 첨단전력 운용능력을 구비하는 항공우주군을 육성하며, 장기적으로는 한반도 평화적인 통일에 대비하는 것이다. 또한 미래 연합 및 합동전장에서도 항공우주의 우세는 전승의 관건이자 다양한 형태와 수준의 분쟁해결에 독자적 또는 연합 및 합동군의 일원으로서 전쟁억제와 전장을 주도하여야 한다.

(4) 공군 집단상담 교육 시 고려사항

공군은 해군과 마찬가지로 기술군으로 전문성에 대한 아이덴티티가 매우 강한 집단이다. 그래서 각 직급과 병과에 따른 역할이 분명하고, 상호간 업무의 중복성이 거의 없다. 예를 들어 상호간 교차검열이 필요하지만 정비업무를 담당한 장병은 정비를, 조종을 담당한 장교는 조종을 책임지게 된다. 이에 근무지가 각각 별도의 장소로 분산되어, 독립적인 단위로 지원업무를 수행하게 된다고 볼 수 있다.

공군은 가장 합리적이고, 정밀성이 요구되는, 모든 업무가 비행중심으로 진행될 수 밖에 없다.

이에 따라 공군의 교육이 효과적으로 진행되기 위해서는 (1) 서로 다른 기술에 대한 존중의식 강화, (2) 반복에 따른 업무 스트레스의 관리 기술, (3) 생활공간 제한에 따른 가족들의 기능적 성장 조력 프로그램, (4) 지속적인 창의력을 바탕으로 새로운 영역에 도전하는 정신을 키워줄 수 있어야 한다. 또한 서로 다른 전문 업무 특성에 대하여 팀워크를 형성하는 능력과 전문성 강화를 위한 〈표2-3〉와 같이 탁월한 윤리의식 등을 높여 나가야 할 것이다.

<표 2-3> 공군 상담의 주안점

• 독립된 업무 의식	➜ 영역별 기술 분야의 존중의식
• 반복되는 업무의 관리	➜ 업무 스트레스 관리 프로그램 개발
• 스트레스 상황에 가족 노출	➜ 가족구성원의 기능적 성장 조력 프로그램
• 정밀성에 대한 도전	➜ 창의력과 도전정신 함양

2. 문제영역별 집단상담 유형

군 집단상담은 일반 상담의 이론적 유형에 따라 구분되기도 하지만, 보다 실질적으로는 문제 유형별 구분이 더욱 필요할 것으로 판단된다. 이를 영역별로 살펴보면 다음과 같다.

(1) 부대이탈 예방 집단상담

부대에서 적절한 교육이 제공되어야 하는 영역 가운데 하나는 부대이탈에 대한 것이다. 다양한 욕구 간의 위계 설정이 부정확하거나, 부대 부적응 행동의 요인에 대한 심리적 탐색은 효과적으로 부대에 적응하도록 돕는다.

(2) 자살예방 교육 집단상담

자살예방 및 자살시도자를 돕는 것은 매우 섬세한 주의를 요한다. 개별적 접근과 더불어 집단 내에서 자신과 타인의 반응 및 심리내적 치유 경험은 효과적 자살예방 및 치료 교육이 된다.

(3) PTSD 대응 집단상담

특별한 위기나 전쟁 참여는 외상 후 스트레스를 야기한다. 이 경우, 이에 대응하는 집단상담을 통하여 이를 최소화할 수 있다. 이는 여타 위기와는 다른 독특한 심리적 접근과 처치를 필요로 한다.

(4) 인사 관련 집단상담

군에서 승진이나 승진의 탈락 등은 개인 내적으로는 상당한 심리적 스트레스를 야기하지만, 이를 적절하게 이야기할 여건이 없는 것이 현실이다. 이러한 경우에는 갈등과 불화를 조절할 수 있는 제도적 장치가 필요하다.

(5) 업무수행능력 집단상담

특정 임무나 군 역량과 관련된 목표를 달성하기 위한 구조화된 집단상담이 있을 수 있다. 이는 현재의 역량이 기준치에 도달하지 못하는 장병들을 위해 제공될 수 있지만, 동시에 특정 목적을 설정하고 이를 달성하도록 돕기 위해 진행될 수도 있다.

(6) 파견 및 파병 집단상담

세계화 시대에서 타 국으로의 파병이나 함상 파견업무는 가족과의 분리를 동반하게 되고, 장기간 별거에 따른 다양한 심리적 현상을 야기하게 된다. 이때 사전에 실시되는 집단상담을 통하여 다양한 정보를 얻을 뿐만 아니라, 심리적 안정감을 유지하도록 하는 방법을 제공할 수 있다.

(7) 분리 가족 집단상담

파견 및 파병은 군인 자신에게뿐만 아니라 가족들에게도 새로운 스트레스로 작용하게 된다. 아버지나 어머니의 빈자리를 어떻게 충족시켜 나가며, 건강한 가족의 삶을 유지하도록 하는 심리적 지원 서비스를 제공할 수 있다.

(8) 전역 집단상담

군에서 전역하는 경우, 일반적인 정년퇴직과는 또 다른 충격을 받을 수 있다. 효과적으로 설계된 전역 상담은 군 생활의 경험이 사회에서 적용되고 자연스럽게 사회 적응을 하도록 조력한다.

(9) 진로 집단상담

미래에 대한 설계는 진로를 중심으로 이루어지며, 자신이 가장 적합하게 일을 할 수 있는 생애설계를 수립하게 군 인적자원의 효율적 분배와 적정 기대를 창출할 수 있도록 돕는다.

(10) 위기 집단상담

부대 내에서 다양한 위기사건에 처하는 경우, 이를 가장 효과적으로 극복할 수 있도록 돕기 위해 위기 집단상담을 제공할 수 있다. 동일한 사건에 대한 서로의 경험을 나누고, 해결과제를 모색하는 것은 위기를 최단기간에 종결하고 새로운 성장의 기회로 전환시킬 수 있도록 돕는다.

(11) 정서적 지지 집단상담

공군기 및 해군 함정의 충돌사고나 조난은 생존 당사자 및 가족과 사별한 가족들에 대한 특별한 정서적 지지를 필요로 한다. 대부분의 집단상담이 정서적 지지 요소를 포함하고 있으나, 별도의 단계에 따른 정서적 지지상담이 필요하다.

(12) 약물중독 집단상담

군에서의 약물중독은 업무 수행에 심각한 장애를 초래할 수 있으나, 적절한 치료를 제공하지 못하는 경우가 많다. 특히 한국사회에서 술에 대한 관용성은 알코올 중독자에 대한 초기 접근이 어렵도록 만들고 있다. 따라서 전문가에 의한 효과적인 약물중독 상담을 통하여 업무 효율성을 강화할 수 있다.

(13) 부대 및 가정 폭력 집단상담

가정 내 상담은 직접적으로 관여할 수 없는 영역이지만, 폭력행위에 대한 상담 및 교육을 통하여 가정의 안정과 개인의 심리적 평안을 제공할 수 있다.

(14) 성폭력(희롱) 집단상담

군 내부에서 성폭력 및 성희롱은 군의 군기와 사기를 저하시키는 행위이다. 이에 대한 적절한 사전 교육 프로그램과 사건 발생 시, 적절한 개입은 상호 신뢰를 촉진하며, 후유증을 최소화할 수 있다.

(15) 또래 집단상담

또래집단상담은 문화적 배경이나 연령대가 같은 동료 전우가 집단상담을 제공하는 것을 말한다. 동질감이 높고, 친밀성 형성이 용이하여, 상관에게 털어놓을 수 없는 내적 이야기를 보다 손쉽게 말하거나 들을 수 있는 장점이 있다.

(16) 자기성장 훈련 집단상담

자기성장 훈련 집단상담은 인간관계 훈련을 포함하여, 감수성 훈련, 대인관계 훈련 프로그램 및 갈등관리 훈련 프로그램 등과 같이 개인의 인간적 성장을 위하여 제공되는 상담 서비스이다. 대부분 문제해결보다는 문제를 예방하고, 개인을 성장시킨다는 점에서 자기성장 훈련이라고 총칭할 수 있다.

(17) 자조집단(self-help group)

군인가족이나 혹은 군인들 간에 유사한 문제나 심리적 어려움을 가진 사람들이 서로의 경험을 나누고 해결책을 모색하여 상호지지를 통해 성장하는 경험을 제공할 수 있다.

3. 군 집단상담, 집단지도, 집단치료의 차이점

1) 집단상담과 일반 토의집단의 차이

집단상담과 일반 집단 그리고 집단 토의와 집단 치료는 어떻게 다를까? 비슷한 용어가 혼용되어 사용되는 경우도 있지만, 이들은 각각 다른 개념을 담고 있다. Gazda, Ginter, 그리고 Horne(2001)은 집단치료와 집단상담을 구분하여 사용하고 있다. 이들에 의하면 집단치료는 구성원들의 삶에 만연해 있는 의식적 혹은 숨어 있는 행동과 사고의 패턴에 초점을 맞추는 역동적 대인관계 과정으로 제시하고 있다. 여기에는 상호신뢰, 지지, 돌봄, 이해, 현실 검증, 카타르시스, 그리고 행동중심의 통찰과 같은 기능이 포함된다. 반면에 집단상담은 상당히 모호한 개념에 속한다. 수많은 연구 및 서베이를 통하여 Gazda 등(2001)은 집단상담을 다음과 같이 정의한다.

> 집단상담이란 의식적 사고와 행동에 초점을 맞추며, 수용성, 현실에 대한 지향성, 카타르시스, 그리고 상호 신뢰와 돌봄 이해, 허용, 그리고 지지를 포함하는 일련의 역동적 대인관계 과정이다. 치료적 기능은 소집단에서 동료 집단원들과 상담자와 개인적 관심사를 털어놓는 분위기 속에서 창출된다. 상담대상은 기본적으로 광범위한 성격 변화를 요구하지 않는 비교적 정상인을 대상으로 한다. 집단참가자는 집단활동을 바탕으로 어떤 태도나 행동을 학습하거나 탈학습하고 가치 및 목적을 이해하고 수용할 수 있게 된다(p. 27).

개념적 차이에도 불구하고, 후대로 내려오면서 집단치료와 집단상담은 모호한 경계를 유지하면서 혼용되어 사용되고 있다.

그러나 심리적 건강을 목표로 하는 집단상담은 여타 집단의 형태와는 확연히 다르다. 〈표 2-4〉에서 보듯이 집단상담은 내용보다는 과정 중심이며, 주관적 경험에 초점을 맞추는 반면, 일반 토의집단은 토의 주제와 내용중심으로 진행이 되며, 객관적 사실을 다루고 있다. 상담과정은 개인이 특정 시점에서 실패를 경험했다고 하더라도 이를 바탕으로 스스로를 동기화하고, 실패를 성공으로 이어갈 수 있도록 노력하도록 돕기 위해 문제 및 해결의 과정에 초점을 맞추게 된다. 어떤 과정을 거쳐서 현재에 이르렀으며, 어떤 관점이 문제를 야기하는가를 살펴보게 된다.

그러나 일반 집단은 내용과 결과가 중심이 된다. 특정한 목표에 도달하도록 집단을 설득하고, 이끌고, 동기를 제공하지만, 이는 목표에 달성하기 위한 것이지, 과정경험은 크게 중요하게 다루어지지 않는다.

이는 집단 실제에서 보다 분명하게 드러난다. 특정 집단원의 반응이 주관적으로 수용되기 때문에 상반된 의견이 허용되는 반면, 토의집단은 의견의 옳고 그름을 중심으로 움직이게 된다.

또한 일반 집단의 경우, 의견이 옳고 그름에 따라 의견이 분명하게 대립되거나 통합되지만, 집단상담에서는 상반된 의견을 수렴하고 이를 허용하며, 자신과 타인의 차이점을 새로운 성장의 기회로 활용한다는 점에서 매우 다르다고 할 수 있다.

집단의 형식에 있어서는 일반 집단이 규칙과 질서, 공평성을 강조한다면 상담집단은 자발적인 참여와 물러섬이 허용되는 집단이다.

가장 두드러지는 차이점은 지도성의 차이이다. 물론 이론적 접근에 따라 차이점은 있지만, 일반적으로 상담집단은 구성원들의 움직임에 따라 역동이 일어나게 된다. 구체적 역할을 제시하고 그 규칙에 따르기 보다는 자율적, 상황 부합적 지도 유형이 일어나게 된다. 반면에 일반 집단은 형식에 따른 지도자의 역할 및 목적 달성을 위한 권한 위임이 이루어져 있다.

< 표 2-4> 일반 토의집단과 집단상담의 차이

주요내용	일반토의집단	집단상담
내용 대 과정의 차이	분명한 토의주제와 내용중심	내용보다는 과정 중심
양극성 대 통일성	의견의 옳고 그름의 양극성	상반된 의견의 수용 및 허용
형식성 대 자발성	규칙과 질서의 강조	형식보다는 자발적인 참여가 중요함
객관성(사실) 대 주관성(감정)	객관적 사실을 다룸	너와 나의 개인적 주관적 경험
제한성 대 솔직성	회원의 언행에 제한	집단원의 언행에 자유로움
지도성의 차이	형식에 따른 지도자의 역할 및 목적달성을 위해 토의를 이끌고 집단을 통제함	지도자의 지도성이 정해져 있지 않고 형식상의 역할은 없음

2) 집단상담, 집단지도와 집단치료의 차이

(1) 집단지도의 특징 : 집단과정의 주 목적이 정보의 제공에 있기 때문에 그 지도의 책임이 주로 교사나 지도자에게 있다.

(2) 집단상담의 특징 : 성원 개개인의 발달적 문제나 태도와 행동의 변화가 주된

관심사이므로 취급되는 주제나 내용에 보다는 개인 자체와 그의 행동 변화에 강조점을 둔다.

(3) 집단치료의 특징 : 무의식적 동기에 더욱 관심을 기울여 정서적 장애를 치료하는 것이 주 목적이므로 보다 장기간을 요하며, 주로 의학적 환경과 관련된다.

4. 군 집단상담의 이점과 제한점

인간의 성격은 다른 의미 있는 인간 존재들과의 끊임없는 상호작용의 산물이다. 인간을 사회적 목적을 가지고 행동하는 불가분의 전일체, 사회적 존재 그리고 끊임없이 의사결정을 하는 존재로 이해할 때 비로소 우리는 집단상담의 진가를 음미할 수 있을 것이다. 집단상담의 이점은 다음과 같이 요약될 수 있다.

첫째, 군 집단상담 관계는 간부 상담자와의 1대 1의 관계보다 여러 가지 문제를 더욱 용이하게 취급할 수 있게 한다. 역설적이지만, 집단상담이나 집단치료 용어의 선두주자라고 할 수 있는 Pratt(1922)은 "나와 동료의 시간을 절약할 수 있을 것이라는 생각에서 환자들을 집단으로 모으는 것을 생각했다. 그저 노동력 절약이라고 생각했다(Gazda 등, 2001에서 재인용)의 말은 집단이 가져다주는 가장 첫 번째 효과를 말하고 있다. 제한된 숫자의 간부가 있는 상황에서 집단상담은 동시에 여러 명의 장병을 관리하는 효과를 거둘 수 있다.

둘째, 군 집단상담 장면은 개인으로 하여금 어떤 외적인 비난이나 벌칙에 대한 두려움 없이 새로운 행동에 대하여 현실검정을 해볼 수 있는 기회를 제공해 준다. 일반적으로 개인이 자신만의 문제를 털어놓는 경우, 이는 집단이라는 맥락에서 벗어난 것이기 때문에 개인의 책임으로만 간주될 수 있다. 그러나 집단 전체에서 문제를 다루는 과정에서 보다 자유롭고 안심하며 이야기할 수 있는 기회를 갖게 된다.

셋째, 집단상담에서는 동료들 간에 서로의 관심사나 감정들을 터놓고 이야기 할 수 있기 때문에 쉽사리 소속감과 동료의식을 발전시킬 수 있다. 병영에서 또래 집단상담을 하다 보면 많은 병사들이 '군에 와서 대화나 이야기를 처음으로 해 보았습니다' 라는 반응을 보인다. 군에 와서 이야기를 나누지 않는다는 것이 아니라, 내면의 이야기를 털어놓을 수 있는 상황이 제한되었다는 이야기이기도 하다. 따라서 집단상담은 병사들간 혹은 부대원간 상호 마음 깊이 있는 이야기를 털어놓는 중요한 계기가 되고, 상호간 소속감이나 동료의식을 확장할 수 있게 된다.

넷째, 집단상담은 성원들에게 넓은 범위의 다양한 성격의 소유자들과 접할 수 있는 기회를 부여해 준다. 집단상담 장면에서는 개인의 특성을 있는 그대로 이야기하는 실험적 상황이 연출될 수 있고, 따라서 나와는 다르게 행동하거나 지각하는 사람들을 만날 수 있게 되고, 결과적으로 삶의 조망 능력이 확장될 수 있다. 특히, 다양한 배경을 가진 대한민국의 청년 장병들을 만나는 군에서는 개인의 삶의 관점을 확장하는 중요한 기회를 제공할 수도 있다.

다섯째, 집단상담에서는 개인이 한편으로는 계속 참여하면서도 다른 한편으로는 물러서서 관망할 수도 있다. 이는 개인상담과의 차별성으로 개인상담에서는 상담자나 내담자가 특정 순간에 참여를 해야 한다. 그러나 집단상담에서는 다양한 인원이 참여함에 따라 때로는 적극적으로 참여하고, 때로는 물러나 있어도 여전히 집단상담이 진행되는 것이다. 관찰하는 과정에서 자신의 이해력이나 수용력을 높일 수 있다.

여섯째, 군은 어느 조직보다 다양한 형태의 집단상담을, 언제라도 실시할 수 있는 장점이 있다. 일반적으로 집단상담 참여자를 모집하고, 이들과 함께 공동 작업을 하기 위해서는 상당한 시간의 준비 과정이 필요하다. 물론 군에서도 필요하지만 필요시, 다양한 인적 자원을 소집할 수 있으며, 나아가 집단생활 중에 있음으로 해서, 단기간의 집단상담이 가능하다는 장점이 있다.

집단상담은 위에서 언급한 것처럼 여러 가지 이점들도 있지만 반면에 다음과 같은 제한점을 지닌다.

첫째, 집단상담은 행동변화를 위한 만병통치의 약이 아니다. 집단상담 장면 내에서는 치료적 경험을 했다고 하더라도 생활관에 돌아가서는 그 행동의 변화가 지속되지 않을 수도 있다.

둘째, 자신의 문제를 노출하고 나서 해결되지 않은 채 문제만 가지고 돌아가는 경우도 있다. 즉, 문제는 해결되지 않은 채 어색한 상태로 집단이 종료될 수 있다는 것이다.

셋째, 어떤 이들은 집단상담 경험에 홀려서 집단경험 그 자체를 목적으로 삼는 경우가 있다. 집단상담은 자신의 성숙을 목표로 하고 있으나, 집단 경험 자체를 재미있어 하면서 참가하는 경우가 있다.

넷째, 과거 집단 경험자가 새로운 집단을 새로운 시작으로 접근하기보다는 이전의 경험을 토대로 규칙이나 경험을 은근히 밀어 넣으려고 하는 경우에는 집단상담의 효과를 기대하기 어렵다. 자신은 집단에 참여해 보았다는 것이 우월의식으로 작용하는 한, 집단상담의 원하는 소기의 목적을 달성하기 어렵다. .

다섯째, 모든 사람이 집단상담에 적합하지는 않다. 집단상담 활동에 참여하기에는 개인의 문제가 너무 심각한 경우, 혹은 심각한 정신질환이 있는 경우에는 개인상담을 통하여 자신에 대한 통제력을 가진 후 참여하는 것이 바람직하다.

여섯째, 집단상담에 대한 관심도의 증가에 따라 부적절한 지도성의 문제가 대두되고 있다. 모든 사람이 집단으로 사람을 모아 놓았다고 해서 집단상담이 되는 것은 아니다. 따라서 개인의 내적 성숙과 군인정신의 함양, 부대목표 달성을 가능하도록 조력하는 심리 지원기술을 학습하고, 집단상담 수퍼비전을 받은 후에 집단상담을 실시해야 한다.

일곱째, 집단상담을 통하여 개인생활의 분열을 경험할 가능성이 있다. 즉, 집단 장면 내에서는 통용되고 수용이 되던 행동들이 외부에서 수용되지 않거나 문제라고 여겨지지 않던 삶의 일부분이 문제처럼 자각되는 경우가 있다.

이상에서 고찰한 바와 같이 비록 집단상담이 효과적이고 강력한 조력 방법임에는 틀림이 없으나, 집단상담에 대한 명확한 이해와 실제 경험이 없이 집단을 진행하는 경우 오히려 부정적인 역효과를 초래할 수 있음을 유의하여야 한다. 나아가 집단상담자들은 이러한 문제점들을 미연에 방지하고, 극복하는 방법을 익히고 있어야 할 것이다.

5. 군 집단상담의 치료적 요인

인간이 집단상담을 통하여 변화하는 심리적 기제는 상당히 제한되어 있으며, 다소 구체화할 수 있다. Yalom(1995)은 이를 다음과 같은 미묘하게 얽혀 있는 11가지 요인으로 구분하고 있다. 즉 희망의 부여, 보편성, 정보를 나누는 것, 이타심, 일차적 가족집단과의 교정적 경험, 사교기법의 발달, 모방적 행동, 대인간 학습, 집단응집력, 감정적 정화, 실존적 요인을 집단에서 치료적 효과를 가져오는 요인으로 제시하고 있다. 집단응집력과 실존적 요인을 제외한 각 요인을 간단히 살펴보면 다음과 같다.

(1) 희망의 부여

타 집단원들이 발달하고 성장되는 것을 보면서 자신도 변화할 수 있다는 희망을 가지는 것을 말한다. 흔히 AA 집단에서 선배들의 경험담은 자신도 변화할 수 있는 가능성을 준다. 군에서는 다른 동료 전우들이 유사한 문제를 해결해 나가는 경험을 통하여 자신도 해결할 수 있다는 것을 알 때 치료적 효과가 발생할 것이다.

(2) 보편성

다른 사람들이 경험할 수 있는 영역 밖의 일을 나 혼자서만 겪는다는 경우는 매우 드물다. 실제로는 없다고 보아도 무방할 것이다. 특히 집단초기에는 자신의 문제로 고민하는 집단원들이 나 혼자서만 겪는 문제가 아니라는 것은 대단히 커다란 위안이 된다.

군에서도 많은 문제로 고민하지만, 실제로 이를 개방하고 나면 다른 사람들도 유사한 고민이 있음을 알게 되고, 이것이 위로가 되는 경우가 많다. 예를 들어, 입대시기로 고민한 경험이 있던 병사가 이를 집단 내에서 이야기하면, 대부분의 병사들이 이에 대해 같은 고민을 했다는 것을 이야기하게 되고, 이 과정을 통해 자신의 문제에 대해서도 또 다른 통찰을 얻을 수 있다.

(3) 정보를 나누는 것

정보를 제공하거나 충고를 주고 받음으로서 자신의 문제나 관심사에 대해 새로운 정보를 가지게 될 때 치료적 효과를 얻을 수 있다. 이때 바라는 목적을 달성할 수 있는 대안을 제시하는 충고가 가장 효과적이라고 한다.

입대 시, 군에 대한 부정적이고, 단편적인 지식들이 서로 공유되면서 정확한 정보를 가지게 된다. 예를 들어, 유격훈련에 대한 막연한 불안감이나 화생방 훈련에 대한 정확한 정보를 교환하는 것은 훈련 적응에 도움이 된다.

(4) 이타심

집단원들은 다른 집단원들을 도울 때 오히려 자신의 문제에 대해 도움을 받고, 삶의 의미를 발견할 수도 있다. 혹 맹인이 어떻게 맹인을 이끌 수 있는가 하는 의문이 생겨날 수 있지만 도움을 제공하면서 자신의 가치를 발견하는 것이 치료적 효과를 가져올 수 있다.

군에서 행군을 하는 과정에서 다른 전우의 군장을 나누어지면서 오히려 스스로의 심리적 성장을 체험하는 것은 이타심의 한 예에 속한다고 볼 수 있다.

(5) 일차적 가족집단과의 교정적 경험

집단원들은 집단에서 한때 자신의 가족이나 형제에게 보였던 행동들을 집단원들에게 하게 된다. 즉 자신의 일차적 가족집단에서 겪은 경험을 집단에 반영하는 경우가 많다. 집단상담에서는 이를 재경험하고 그것도 교정적으로 재경험하여, 집단원이 어떻게 생산적으로 어릴적 경험을 지금에 활용할 수 있도록 돕는다.

군에서는 간부, 특히 지휘관에게 자신의 원가족인 부모에게 느끼는 감정이 전이될 가능성이 높다. 가장 권위있는 아버지를 대하는 태도가 지휘관에게 투사되어 나타나는 것이다. 이때 지휘관이나 영향력있는 간부와의 관계에서 새로운 교정적 경험을 하는 경우, 매우 의미 있는 치료적 경험을 달성할 수 있다.

(6) 사회적 기법의 발달

사회적 기법의 발달은 두 가지 측면에서 이루어진다. 하나는 역할놀이 등을 통한 직접적 경험을 통해서이고, 다른 하나는 다른 사람들의 피드백을 통해서 이루어진다. 이를 통하여 자신의 사회적 기법을 향상시키거나 발달시킬 때 집단의 참여가 의미 있게 될 수 있다.

특히, 외동아들로 태어나서 대인관계 경험이 주로 부모와의 관계에 한정될 가능성이 높은 신세대 장병들에게는 군에서의 집단상담 참여를 통해 다양한 사회적 기법이 발달될 수 있다. 이는 개인적으로 뿐만 아니라, 부대 그리고 사회와 국가적 측면에서도 매우 의미 있는 일이 될 것이다.

(7) 모방적 행동

대리학습이나 지도자 혹은 선호하는 집단원의 행동을 모방하여 자신의 행동이나 문제를 개선하는 경우를 나타낸다.

집단참여 가운데서 선임병이나 간부들이 부대에 대해 보이는 적응적 행동을 후임병이 따라 하는 경우, 모방을 통하여 자신에게 보다 적절한 적응 효과를 얻을 수 있다.

(8) 대인간 학습

대인관계의 악화가 인간에게 미치는 효과는 지대하다. 이미 기술하였듯이 집단상담에서 개개 참여자가 가져오는 문제들을 고통에 대한 구원이나 위안을 얻으려는 것으로부터 대인관계 기능의 문제로 변환시키는 것은 역동적 치료과정의 초기에 본질적인 것이다. 개개 구성원에게서 나타나는 특정 관심사나 문제들을 대인간의 기능적 문제로 전환함으로써, 집단 내에서 역기능적이거나 병리적인 요소를 검증하도록 도와줄 수 있다.

생활관에서 생활하는 병사들의 경우 대인관계는 매우 중요한 요소이며, 이때 학습한 대인관계 경험은 사회에서도 유용한 자원으로 활용될 것이다.

(9) 교정적 감정경험 - 감정적 정화

교정적 감정경험은 자신의 심적 에너지를 묶어두는 위협적 감정들을 표현함으로써 내면적 자유로움을 경험하게 되는 것이다. 이 교정적 감정경험이 치료적 효과를 지니기 위해서는 인지적 통찰과 결합되어야 한다.

군에서는 다양한 심리적 한계에 직면하는 훈련을 받게 되고, 나아가 집단상담 장면 내에서 개인의 문제들을 개방하며, 자신과 유사한 삶의 경험을 공유하거나, 자신과는 다른 사람이지만, 같은 군인으로서 동등한 자격을 유지한 집단원이 보이는 반응들이 인지적으로 통합될 경우, 매우 효과적인 교정적 감정경험을 얻을 수 있다.

6. 군 집단지도자의 역할

집단지도자 혹은 상담자는 집단의 성과를 결정짓는 중요한 요인 중의 하나이다. 지도자가 자신의 역할을 제대로 수행할 수 있을 때 집단은 효율적으로 진행될 수 있고, 목표한 바를 달성할 수도 있다. 그렇다면 집단지도자는 어떤 역할을 해야 하는지 살펴보면 다음과 같다.

(1) 집단의 시작을 돕는다.

집단 초기의 어색함과 모호성을 활용하여 집단이 시작되도록 이끄는 역할을 담당한다. 특히 위계적 조직 특성에 따라서 집단에 어떻게 참여해야 하는지, 자신의 마음속에 있는 이야기를 해도 되는지, 다른 장병들에게 방해가 되는 것은 아닌지 등에 대해 혼란스러움을 겪을 수 있다. 따라서 실질적인 '집단'이 형성되도록 집단의 시작을 돕는 일을 수행해야 한다.

(2) 집단의 방향을 제시하고 집단규준의 발달을 돕는다.

집단지도자는 집단의 초기 단계에 그 집단이 나아갈 방향을 제시하고 일반적인 오리엔테이션을 해줄 책임을 지고 있다. 이미 앞에서 논의한 바와 같이 군 집단상담은 가치지향적이다. 국가를 위한 충성심과 군인정신의 강화, 부대목표의 달성과 더불어 개인의 목적이 성취되도록 조력하는 방향 및 규준이 설정되도록 해야 한다.

(3) 집단의 분위기를 조성한다.

집단과 구성원의 목적을 달성할 수 있는 집단의 분위기를 창출하여야 한다. 군이라고 해서 모든 집단활동과 시간이 경직되어 있는 것은 아니다. 적절한 유머를 사용하기도 하고, 개별 구성원의 의사소통에 대해 적절한 반응을 보임으로써, 집단에 허용적인 분위기를 창출하는 등의 역할을 수행해야 한다.

(4) 행동의 모범을 보인다.

바람직한 행동의 모범을 보이는 것(modeling)이 집단지도자의 가장 중요한 기능 중의 하나이다. 집단원들이 상호간에 신뢰하고, 개방적이며 효과적인 의사소통을 할 수 있도록 하기 위해서 집단지도자가 반응이나, 오리엔테이션 과정에서 행동의 모범을 보여야 한다.

군 집단상담에서는 지도자의 모범이 절대적이다. 모든 행동에 대해 사전 설명과

시범, 그리고 실습으로 이어지는 군 특성상, 시범을 보이지 않는 행동에 대해 적절한 행동이 발생할 것으로 기대해서는 실망감을 느낄 수도 있다. 따라서 적절한 모델링이 가능한 행동시범을 보이는 일이 매우 중요하다.

(5) **의사소통 및 상호작용을 촉진시킨다.**

상담집단의 유지 발전에 긴요한 한 가지 조건은 적절하고 효과적인 의사소통 체제의 확립이다. 따라서 집단지도자의 중요한 역할 중의 하나는 집단으로 하여금 의사소통을 방해하는 요인을 극복하고 원활한 상호관계를 발달시키도록 도와주는 일이다.

군에서는 상급자가 하급자에 대한 반응을 보이는 것이 너무 직설적이거나 심리적 상처를 초래할 수도 있으며, 하급자는 상급자에 대한 적절한 반응을 스스로 자제하는 경우가 발생하기 쉽다. 이에 대한 적절한 개입전략을 가지고 있어야 한다.

(6) **집단원을 보호한다.**

집단지도자의 중요한 역할들 중의 하나는 심신의 위협으로부터 집단원을 보호하기 위하여 보살피는 일이다. 집단원을 적절히 개입시키고, 원하지 않는 경우 문제를 내놓도록 강요하지 않는 것 등과 같은 활동을 통하여 집단원을 부당한 압력에서 보호하여야 한다.

집단 활동 가운데, 솔직한 자신의 마음을 표현한 것이 선임병과 후임병의 갈등으로 이어질 경우, 후임병은 상당한 심적 부담을 느낄 수 있으며, 이는 실질적인 위협이 될 수 있다. 이 경우에 집단지도자는 이를 집단 장면 내에서 나타나는 특별한 상황임을 인식시키고, 이와 관련되 주제를 공개적으로 다루는 일이 필요하다.

(7) **집단활동의 종결을 돕는다.**

집단은 제시간에 시작하여 정한 시간에 마쳐야 한다. 이를 통하여 집단원들은 정해진 사실을 지킬 줄 알게 된다. 만약 집단지도자가 이 정해진 한계를 벗어나서 제시간에 종결을 짓지 못한다면, 그는 그의 책임을 이행하지 못하게 되어 신뢰성이 결여된 사람으로 집단원들에게 지각되기 쉽다.

때로 군에서 집단상담 활동을 하면, 마지막 순간에 결정적인 심리적 고민이나 스트레스를 호소하는 장병들이 있다. 이는 시간적 제약 때문일 수도 있지만, 그의 개인적 특성이 나타난 것으로 파악할 수도 있다. 따라서 규정된 시간을 지키되, 개인상담이나 추수면담 등과 같은 대안을 제시하고 집단을 종료하는 것이 도움이 된다.

7. 신세대 장병들의 위기적 요인에 대한 고찰

군에 입영하는 신세대들을 대상으로 한 '입영장병의 심리상태 조사' 에서 44.7%가 인격 장애 증세를 나타내는 불안한 상태라고 보고하였다(권준모, 2003). 신세대들이 입영 후 주변 환경과 상호작용하는 장병들의 특성이 다양하게 병영생활에 표출되고 있다.

병사들이 병영생활에서 표출시키는 대표적인 군대 내의 문제는 불안, 분노 및 스트레스, 자살, 군무이탈, 갈등, 구타 및 가혹행위, 성문제, 집단 따돌림 등이다(보병학교, 2004).

국방부에서 발간한 육사생도 특별인권교육 자료에는 군에 복무하는 사병들이 위기의식을 유발하는 10가지 요인을 순위별로 아래와 같이 제시하였다.

(1) 부모와 이별할 때 오는 위기감

부모와 이별할 때 오는 위기감은 주로 훈련병과 이등병 생활시절에 많이 느낀다고 한다. 이는 지금까지 자신을 아끼고 사랑해주며 지원해 준 부모와 가족과 헤어진다는 고립에서 오는 심리적 상실감과 군이라는 새로운 환경과 상급자에 대한 두려움과 불안감이 가장 큰 위기를 경험하게 하는 것 같다. 이들의 위기관리를 위해서 상실감을 완화하고 미래에 대한 불안감을 해소시키는 것이 중요하다.

(2) 상관에게 질책을 당할 때 느끼는 위기감

소대장, 중대장들은 대개 자신에게 주어진 임무에 대해 강한 책임감과 열성이 높은 편이다. 병사들은 군이라는 새로운 환경에 적응하는 과정에서 행동의 미숙함과 부적응을 보이게 된다. 이러한 환경에서 상관들의 지적은 병사들에게 스스로 능력에 한계가 있는 것으로 잘못 인식한다. 이로 인하여 스스로에 대한 자신감을 상실하게 되어 위기감을 겪는다.

(3) 상급자나 동료로부터 인격을 무시당할 때 느끼는 위기감

인격모독 행위는 병영생활에서 관례상의 사소한 문제로 인식되고 있다. 하지만 인격모독을 당한 병사는 큰 충격과 정신적인 갈등을 일으키게 된다. 과거에 비해 군에 입대하는 병사들의 학력수준이 높아지고 있다. 고의적으로 행한 행위는 아니라 하더라도 구타, 가혹행위, 폭언, 욕설, 따돌림 등의 인격모독 행위는 병사들의 자존심을 무너뜨린다. 인격모독은 전우를 무시하며, 자신의 존재가치를 평가절하시킨다. 같은 조직의 일원이 될 수 없다는 인식은 높은 수준의 위기를 발생시킨다. 인격적 모독문제는 전투력의 저하나 상 · 하급자 간의 위계질서에 혼란을 가져 올 수 있다.

(4) 시설환경이 열악했을 때 오는 위기감

새로운 환경은 낯설고 두려울 수밖에 없다. 시설환경이란 병사들이 주거하는 생활관과 화장실, 식당, 체육시설, 독서실 등을 말한다. 평소 생활하던 시설에 비해 생소하거나 낙후된 군 시설은 병사들에게 많은 스트레스를 경험하게 한다. 좋은 시설은 병사들에게 심리적 안정감과 복무의욕을 증진할 수 있다. 그러나 낙후된 시설의 경우에는 오히려 스트레스를 유발하여 크고 작은 위기로 진전될 수 있다.

(5) 여자 친구와 이별할 때 겪는 위기감

군이라는 새로운 환경의 변화 및 병영문화에 익숙하지 못한 병사들은 사소한 일에도 충격을 받는 불안정한 심리상태와 이별이라는 상실감이 복합적으로 나타나 위기를 가져올 수 있다. 여자 친구의 문제는 군 복무를 하는 병사들의 여건상 자유롭게 외출할 수 없는 입장에서는 불편한 관계를 적극적으로 해소 할 수 있는 기회를 갖지 못한다. 이는 자칫 복무 염증을 유발해 자포자기식의 극단적 행동으로 옮겨 갈 수 있다.

(6) 군 생활에 염증이 생길 때 나타나는 위기감

군 복무를 절반 이상 마친 상등병과 전역을 앞둔 병장들은 단순히 반복되는 생활과 담당한 임무수행에 어느 정도 안정감을 갖고 있다. 하지만 권태로운 생활을 벗어나기 위해 군중심리를 이용하여 문제를 야기하거나, 책임전가, 상관에 대한 불순한 행동을 취하기도 한다. 그러나 리듬이 흐트러지거나 의욕이 저하될 때, 부정적인 방향으로 발전하여 악영향을 끼칠 수도 있기 때문에 유의해야 한다.

(7) 학업 진로 문제로 인한 위기감

학업문제는 군 복무기간에 해결하기 어려운 문제이다. 이런 문제는 신병보다는 전역이 임박한 상병과 병장에게서 더욱더 많이 나타난다. 전역이 가까워짐에 따라 전역 후 진로문제에 대한 갈등이 점차 위기로 확산되는 성향을 띠고 있다.

(8) 상급 병사가 스트레스를 줄 때 느끼는 위기감

군은 계급구조에 의한 명령체계 조직이다. 동일한 계급이라 할지라도 직책, 군번에 따라 엄격히 서열이 존재하며 모든 하급자는 상급자에게 복종을 강요받게 된다. 이처럼 명령체계의 구조로 상급자에 의해 부여된 책임은 이유여하를 막론하고 수행하여야한다. 간부들의 지속적인 노력에도 불구하고 병영에서는 간혹 선임병의 횡포가 잔존하고 있다. 그 이유는 신참 때에 고생을 많이 했으니 선임병이 되면 편해야 한다는 잘못된 인식 때문이기도 하다. 상급자에 대한 반발이 강력한 규제로 작용한다 하여도, 기성세대와는 다른 가치관을 가지고 있는 신세대들에게는 '무조건 충성'이라는 말 자체가 많은 스트레스를 가져올 수 있다. 이러한 위기 상황을 극복하기 위해서 상급자들의 사고전환이 필요하다. 상급자가 동고동락하면서 사랑으로 자신을 희생하고, 솔선수범하는 모습을 보여 준다면 위기상황을 슬기롭게 대처해 나갈 수 있다.

(9) 자신의 어려움이나 고민을 말할 수 없을 때 느끼는 위기감

병사들 개개인이 지니고 있는 군 생활의 장애요소, 고민사항 등을 사전에 파악하여 이를 해소시키는 것이 중요하다. 병영생활 중 어려움이 있을 때 자연스럽게 털어놓을 수 있는 분위기를 조성하여야 한다.

(10) 전우들에게 따돌림을 받았을 때 느끼는 위기감

2005년 육군과 한국무형자원연구소가 합동으로 조사 연구한 결과에 의하면, 육군 장병 73,421명 중 집단 따돌림을 받았다고 생각하는 장병은 31.5%인 23,192명 이었으며, 병사의 경우는 이병이 2,956명, 일병이 8,974명, 상병이 7,475명, 병장이 2,997명이었다. 신세대들은 개인주의 성향이 강하고, 상호연대감 및 신뢰감이 부족하기 때문에, 남을 위해 봉사를 한다거나 희생을 한다는 정신이 결여되어 있다.

이처럼 자유분방한 생활을 해오던 신세대에게 그동안 경험하지 못했던 체력단련과 훈련은 신체적으로 무력감을 느끼게 된다. 군 생활을 하는 과정에서 훈련과 통제된 병영생활은 많은 심리적 부담과 위기상황을 불러일으킨다. 병사마다 각자 불안감과 무력감을 떨쳐 버리기 위해 의지할 대상을 찾기도 하고 도피하기도 한다. 문제해결 방법의 선택에 따라 긍정적 · 부정적 영향을 미치기도 한다. 군 복무 기간 중 나타나는 다양한 요인들을 제대로 극복하지 못하면 자살, 탈영, 사고 등 극단적인 행동으로 이루어질 수 있기 때문에 이에 대한 체계적인 위기관리방안이 모색 돼야 한다. 유명덕(2006)도 "이런 위기의식 요인들은 병사들의 심리상태를 불안하게 만들어 자율적이고 창의적인 임무수행에 제한을 줄 뿐 아니라 상호관계에서도 심각한 문제를 초래 한다" 고 주장하였다.

이명우(2007)의 연구에 의하면 병사들의 상담욕구는 다음과 같은 순서로 나타났다. 병사들은 교육적 문제(예 : 성적, 학업, 진로, 장래에 대한 문제), 사회적 대인관계(예 : 성격적 특성, 신체, 용모, 가정의 분위기, 가정 경제에 관한 문제), 안전 및 건강문제(예 : 신체 건강, 체력, 안전에 관한 문제) 순으로 상담받고 싶은 욕구 있는 것으로 분석되었다.

제 3 장

군 집단상담 프로그램의 구성원리

간　부 : 집단상담은 계급이 같은 병사들끼리 해야 하나요? 아니면 계급이 다른 병사들끼리 해야 하나요? 소속별로 해야 하나요? 아니면, 다른 부대와 통합해서 해도 되나요? 진행할 때, 간부가 지켜봐도 되나요?

상담자 : 목적에 따라 다릅니다.

간　부 : 20시간 정도에 걸쳐 인간관계에 대한 집단상담을 해 주실 수 있습니까?

상담자 : 물론입니다. 그런데, 집단상담 장소는 어디로 하고, 병사들을 위한 차량지원이 됩니까?

* 집단상담을 받고 싶지만, 실제로 일어나는 일에 대한 준비가 없으면, 어떠한 효과도 거둘 수 없다.

군 집단상담을 구성할 때는 여러 가지 면에서 일반 집단상담의 구성과 차이가 있다는 것을 반드시 알아야 한다. 지도자는 먼저 프로그램을 구성하기 전에 군의 특수성과 목표에 관하여 충분히 숙지할 필요가 있다. 그렇지 않을 경우에는 프로그램 구성이 낭만적으로 흘러 군 조직과 마찰을 초래하거나 집단원인 군 장병들에게 혼란을 줄 수 있다.

집단의 조직 단계에서 준비기간은 매우 중요한 시기로, 지도자가 얼마나 주의 깊은 태도로 집단을 구성하는지에 따라 집단의 성과가 좌우된다. 이 기간 동안 지도자는 자신이 어떤 종류의 집단을 원하는지 미리 생각해보고 집단상담자로서 자신의 역할과 기능에 대하여 마음의 준비를 하는 것이 바람직하다. 지도자는 자신이 기대하는 바를 명확하게 진술할 수 있도록 더 잘 계획할 수 있을 뿐만 아니라 집단원에게 훨씬 더 의미 있는 경험을 제공할 수 있다(Corey and Corey, 2006).

군 집단상의 구성에는 부대의 존재목적과 성격, 집단상담을 운영하는데 필요한 규칙이나 기본적인 행동규준, 집단지도자의 역할과 구성원의 역할 등에 대해 설명하고 준수하게 하는 것을 포함한다. 이는 집단구성원으로 하여금 성공적인 집단상담을 위해 준비를 하도록 안내하는데 있으며, 집단지도자는 구성원들이 자율적으로 참여하도록 촉진시켜 주고, 집단상담 후에는 학습경험을 통해 개인과 부대목표를 자발적으로 달성하도록 기여하는데 있다.

1. 집단 구성의 형태

1) 비구조화 집단과 구조화 집단

집단의 운영방식에 따라 크게는 비구조화 집단상담, 구조화 집단상담 등으로 나눈다. 그리고 이 둘의 형식을 조합한 반구조화 집단상담도 포함하여 구분할 수 있다.

비구조화 집단상담은 사전에 집단의 목표, 과제, 활동방법 등을 계획하지 않고 최소한의 규칙만 가지고 지도자의 역량에 따라 자유롭게 진행되며 집단원의 자발성이 더욱 요구된다. 따라서 집단원 간의 상호작용을 통한 심리적 관계가 중요한 작업 대상이 되며, 개인 내적 문제 또는 개인 간의 갈등을 이해하고 해결해 나가고자 한다.

구조화 집단은 지도자가 집단의 목표와 사전에 계획된 프로그램을 미리 제시하고 지도자의 주도하에 집단 구성원간의 상호작용이 일어나도록 하는 방식이다. 이때 지도자는 집단 활동의 목표와 전달하고자 하는 경험 그리고 기대효과 등을 정확히 알고 진행하여야 하며, 이론적 근거를 명확히 설정함으로써 유연성과 방향성을 잃지 않고 집단을 마무리할 때도 초점을 유지할 수 있다. 또한 프로그램을 계획할 때는 집단구성원의 발달단계나 집단이 전개되는 과정에서의 단계를 인식하여 그에 맞는 활동을 선택하여야 한다. 구조화 집단에서 주로 다루는 주제로는 다음과 같은 것들이 있다.

<표 3-1> 구조화 집단의 주제

- 대인관계 능력향상
- 자기표현 및 주장 훈련
- 스트레스 관리
- 비행청소년 지도
- 진로 탐색
- 부부 및 부모교육
- 심리검사를 활용하여 자기이해 및 상호이해 증진

반구조화 집단은 비구조화 형태로 운영하되 필요할 때마다 구조화 집단에서 활용되는 활동을 이용하는 방식으로, 비구조화 집단과 구조화 집단을 혼합한 집단의 형태를 말한다.

군 집단상담은 위계질서가 중요시되는 특성상, 집단원이 자발적이고 자유롭게 집단에 참여하기가 어려우므로, 구조화된 집단상담이 구성원 전체를 골고루 집단에 참여하도록 함므로 더 효과적일 것이다. 또한 대부분은 군과 부대가 지향하는 목표가 뚜렷하고, 구성원의 발달단계와 생활환경상 활동적인 프로그램이 적합하므로 구조화된 프로그램을 적용하는 것이 더 효율적일 것이다.

2) 동질집단과 이질집단

집단 구성원을 동질적으로 구성하느냐, 이질적으로 구성하느냐는 집단의 목적과 목표에 의해 결정된다. 동질집단은 보다 쉽게 공감이 이루어져 상호간에 즉각적인 지지가 가능하고 갈등이 적고 응집력을 높여서 더욱 개방적이게 하여 집단 소속감의 발달이 쉽게 이루어질 수 있다. 반면에 이질집단은 일상의 현실을 반영하는 환경에서 다양한 사람으로부터 주어지는 피드백을 통해 새로운 행동을 실험하거나 대인관계 기술을 개발할 수 있으며, 서로간의 차이점을 발견하고 이해하게 되며, 현실검증의 기회도 더 풍부하게 된다.

군 집단상담에서는 군의 엄격한 위계관계의 특징을 고려하여 동질집단과 이질집단의 차이점을 분명히 인식하고 프로그램을 구성하여야 한다. 이질집단으로 구성할 때 자칫하면 간부는 감시자나 보고자로 인식되어 병사는 상관의 눈치를 보게 되므로 자신을 솔직하게 개방하기가 어렵게 된다. 병사들끼리 구성된 경우에도 그 안에서 계급에 의한 힘의 원리가 작용되어 집단 지도자의 눈을 피해 언어적 또는 비언어적인 지시를 서로 주고받게 되는 경우를 볼 수 있다. 어떠한 하급부하는 이러한 메시지에 따르지 않는 경우 집단상담 후에 초래될 불편한 관계를 염려하여 어쩔 수 없이 지시에 따르게 되는 경우도 있다.

반면에 그 집단의 실질적인 리더(집단 밖에서 실제로 영향력을 행사하는 사람)가 겸손한 모습으로 먼저 자신의 마음을 개방하여 진솔하게 자신의 어려움을 털어놓으면 나머지 대원들도 편안하고 쉽게 자신들의 고충을 털어놓는 경우를 볼 수 있다. 이러한 경우에는 집단 활동 중에 상급자와 하급자 간에 숨겨진 갈등들이 드러나 그 자리에서 화해를 하는 경우들이 종종 있다.

그러므로 지도자는 먼저 부대가 원하는 목표가 무엇인지를 분명히 알고 부대의 특징을 고려하여서 프로그램을 구성하여야 하며, 집단시작 전 집단규칙과 집단규범에 대한 오리엔테이션을 철저히 하여야할 것이다. 또한 집단의 분위기와 태도가 그 집단의 실질적인 리더에 의하여 좌우되는 경향이 있기 때문에 지도자는 집단 초기에 집단원 중 누가 실질적인 리더인지를 파악해 두는 것이 좋다. 집단이 지나치게 경직된 경우 혹시 그로 인하여 집단 내에 숨겨진 문제가 있는지를 살펴보고 먼저 해결하는 것이 집단의 흐름을 원활하게 하는데 중요하다. 우리의 경험으로는 대개 실질적인 리더는 중대장, 부중대장, 부관, 상병 또는 전역을 바로 앞두지 않은 병장 중에서 볼 수 있었다.

3) 개방집단과 폐쇄집단

집단을 운영하기 위해서는 집단의 목표에 따라 집단의 운영을 개방형으로 할 것인가 혹은 폐쇄형으로 할 것인가를 미리 정해야 한다. 개방집단은 구성원의 변화가 특징이므로, 집단이 허용하는 한도 내에서 집단 진행 중 일부 집단원이 나갈 수도 있고 새로운 집단원이 들어올 수도 있다. 이 경우에는 좀 더 다양한 사람들과 교류할 수 있는 기회가 늘어나기 때문에 집단의 과정에 활기와 도움을 줄 수 있다. 반면에 집단원 간에 응집력이 약해지고, 수용, 지지 등이 부족해지거나 갈등이 일어날 수도 있고, 집단의 흐름이 깨질 수도 있다. 그렇기 때문에 새로 들어오는 사람에게는 집단의 기본적인 특성이나 규칙을 미리 설명해 줄 필요가 있다. 또한 지도자는 집단의 연속성과 신뢰성의 유지를 위해서 집단원의 재편성 비율을 염두에 두고서 집단 참여 횟수의 원칙을 세워두는 것도 좋을 것이다.

폐쇄 집단은 집단을 시작할 때 참여했던 구성원들이 끝까지 참여하는 것을 원칙으로 하여, 집단 진행 중 새로운 구성원은 받아들이지 않는다. 도중에 탈락자가 생겨도 새로운 구성원을 채워 넣지 않으므로 많은 장점이 있을 수 있지만, 집단 중에 두, 세 명 이상의 집단원이 탈락한 경우에는 집단이 위축될 염려가 있다.

군 집단상담 지도자는 처음부터 구조화된 프로그램을 가지고 시작하는 경우가 많기 때문에 주로 폐쇄집단을 지향하지만, 부대 업무의 특성상 장병들이 집단 중 자리를 비우거나 급한 업무를 마치고 뒤늦게 합류하는 경우가 있으므로 개방집단의 특성을 갖기가 쉽다. 때문에 지도자는 집단을 진행할 때 이러한 부대의 상황에 유연하게 대처할 수 있어야 한다. 특히 이질집단으로 이틀 동안 마라톤집단으로 구성할 때, 간부가 첫날은 참석을 하다가 다음날 급한 용무로 빠지는 경우가 있을 때에는 집단의 균형과 흐름이 깨질 염려가 있다. 그러므로 지도자는 사전에 부대 측과 상의하여 이러한 상황까지 미리 파악하고 협력을 구하거나 집단 초기에 미리 대처해 둘 필요가 있다.

2. 집단원의 모집과 선별

1) 집단을 위한 계획서 작성

집단원을 모집하기 전에 먼저 집단상담을 위한 계획서를 작성하여야 한다. 아무리 좋은 아이디어를 가지고 있다하더라도 그 아이디어가 명확하고 설득력 있는 계획으로 발전되지 않으면 실현화되기 어렵다. 집단 계획서를 작성할 때는 일반적으로 다음과 같은 질문을 고려한다(Corey and Corey, 2006).

<표 3-2> 집단계획의 일반적 준비사항

- 구체적인 대상과 이 대상의 발달적 욕구는 무엇인가?
- 집단 구성원은 동질 집단인가, 이질 집단인가?
- 집단 구성원은 자발적 참여자인가? 비자발적 참여자인가?
- 이 집단의 전체적인 목표나 목적은 무엇인가?
- 이 집단에서 어떤 주제를 탐색해 볼 것인가?
- 이런 집단에 대한 욕구가 존재하는 이유는 무엇인가?
- 이 집단 프로그램의 기저에 있는 기본 가정은 무엇인가?
- 이 집단을 이끌 수 있는 당신의 자격요건은 무엇인가?
- 집단원의 수, 집단상담 장소, 회기의 빈도와 길이는 어떻게 구성할 것인가?
- 집단의 구조 형태와 사용 기법은 어떤 것으로 할 것인가?
- 기본적인 집단 규칙은 어떻게 설정할 것인가?
- 집단 프로그램 평가계획과 추수점검 절차에 대해서는 어떤 계획을 가지고 있는가?

이와 같은 질문을 바탕으로 계획서를 작성할 때, 그 계획서는 세부적이고 구체적인 절차가 있어야하고 명확하고 신빙성 있는 합당한 근거가 존재해야 한다. 그리고 목표와 평가는 객관적이고 현실적이고 실제적인지 다시 한번 검토해야 한다.

군 집단상담 프로그램은 이와 같은 일반적 고려사항 외에도 군의 특수한 상황을 고려하여야 한다. 즉 부대 특성과 여건을 고려한 계획이 필요하다. 격오지 부대인 경우에는 이동수단과 집단 참여 방안, 그리고 부대 밖에서 집단을 실시할 경우에는 숙식제공 방안까지도 고려해야 한다. 또한 앞에서 살펴보았던 거시적 목표와 미시적 목표가 충분히 반영되었는지를 다음과 같은 질문을 통하여 확인하여야 한다.

<표 3-3> 군 부대 적용 시 준비사항

- 군이 요구하는 역량에 어떻게 부합 할 것인가?
- 부대의 임무 혹은 조직의 문제에 기여하고 있는가?
- 개인의 부대에 적응 혹은 능력신장에 어떤 방식으로 기여할 수 있는가?
- 집단상담 시기가 군 훈련이나 교육시간과 상충되지 않는가?
- 병의 경우, 교육 장소까지 이동 가능한 수단이 있는가?

2) 집단 홍보와 집단원 모집

집단 프로그램을 홍보하고 참여자를 모으는 과정에서 전문가로서 고려하여 제공해야 할 지침을 '최선의 실천을 위한 지침' (ASGW, 1998)에서는 다음과 같이 언급하고 있다(Corey and Corey, 2006).

<표 3-4> 홍보 시 고려사항

- 집단상담자의 전문적 배경에 관한 안내문
- 집단의 목표와 목적에 관한 진술
- 집단의 입회와 종결에 관한 방침
- 자발적인 참여자와 비자발적인 참여자를 포함하여 집단참여에 관한 기대
- 집단참여가 의무규정인 경우 (이에 해당할 때) 집단의 방침과 절차

- 집단원과 집단상담자의 권리와 책임
- 기록 절차와 외부인에게 정보제공
- 집단 밖에서의 교류와 집단원 간의 개인적인 관계형성이 갖는 문제점
- 집단상담자와 집단원 간에 이루어지는 자문 절차
- 집단에서 사용될 기법과 절차
- 집단상담자의 교육과 훈련 및 자격요건
- 집단참가비와 참여시간
- 특정한 집단구조 내에서 제공되는 혹은 제공되지 않는 서비스에 대한 현실적인 명시
- 집단참여에 따르는 잠재적인 결과(집단에 관련된 개인적인 위험)

집단 홍보지를 작성할 때, 집단에 대한 정확한 그림을 제시하고 집단에 대한 비현실적인 기대를 갖게 할 수도 있는 결과를 약속하지 않는 것이 바람직하다. 일반 집단상담에서는 홍보지를 나눠주면서 집단에 대해 관심 있는 사람들과 개인적인 접촉을 갖게 되면 집단의 기능이나 목적에 대해 오해하는 것을 막을 수 있다. 또한 소속기관 동료에게 알리는 것도 그들이 직접 홍보지를 전해줄 뿐만 아니라 집단 선별을 위한 예비 작업을 해 둘 수도 있기 때문에 중요하다.

군에서 집단상담을 홍보하고 구성원을 모으는 것은 용이하지 아니하다. 왜냐하면 이를 위해서는 참여자 선발에 대한 지휘관의 승인과 참여자의 참여 가능 시간에 대한 상관의 동의, 근무시간 조정에 따른 병력 조정에 대한 부대원의 동의가 필요하기 때문이다.

<표 3-5> 부대홍보 시 고려사항

- 지휘관의 승낙 여부
- 지위계통을 통한 홍보의 효과성 파악
- 모집 용어의 군 적합성 검토
- 문제 장병의 낙인 영향 여부

3) 집단원 선별과 선정

집단에 대한 홍보와 집단원 모집이 끝나면, 다음 단계에서는 실제로 집단을 구성할 성원을 선별하고 선정하는 절차를 준비한다. 선별의 목표는 내담자들에게 미칠 수 있는 잠재적인 해를 예방하는 것이다. 집단 작업 전문가협회(ASGW)가 제시한 '최선의 실천 지침' 에 따르면 "집단상담자는 제공되는 집단의 유형에 맞게 예비 집단원을 선별한다. 집단원을 선정할 수 있는 경우에는 집단상담자는 집단원의 요구와 목표가 집단의 목표에 부합하는지를 확인 한다" (A.7.a, Corey and Corey, 2006).

이런 지침에는 몇 가지 질문이 따른다. 선별절차를 반드시 적용해야 하는가? 그렇다면, 어떤 선별방법을 사용해야 하는가? 누가 집단에 가장 적합할 것인가, 누가 집단과정에 부정적인 영향을 줄 수 있는가, 누가 집단경험에 의해 해를 입을지 어떻게 결정할 것인가? 어떤 연유로든 집단에서 배제된 후보자에게 이런 사실을 알리는 좋은 방법은 무엇인가? 궁극적으로 집단의 형태가 그 집단에 받아들일 수 있는 집단원의 특징을 결정해야 한다. 지도자가 고려해야 할 질문은 '이 사람이 이 시기에 이 집단상담자가 이끄는 이 특정한 집단에 참가해도 좋은가?' 하는 것이다(Corey and Corey, 2006).

대체로 집단에 적합하지 않는 사람은 적대적인 사람, 독점하려는 사람, 극히 공격적인 사람, 자살 충동이 있는 사람, 심리적으로 매우 취약한 사람, 급성 정신병을 가진 사람, 반사회적인 사람, 극도의 위기상태에 있는 사람, 편집증이 심한 사람, 극히 자기중심적인 사람, 심하게 방어적인 사람, 대인관계에 두려움을 많이 느끼고 불안해 하는 사람 등이다. 집단 참여가 거부된 신청자에게는 집단에 받아들여지지 않은 것에 대한 그들의 반응을 처리하는 데 필요한 지지를 제공하고, 또한 집단 참여의 대안으로 개인상담 등을 제안할 필요가 있다.

군 집단상담의 경우에는 대부분 부대에 의해 집단에 참여할 사람들이 배정되기 때문에 집단원을 선별할 기회가 거의 드물다. 따라서 지휘관과 상위계층직급의 추천과 본인의 자원에 의해 선발하는 것이 가장 바람직하다고 할 수 있다. 그렇기 때문에 최소한 첫 회기 시작 전 짧게나마 집단원을 만나보는 것이 바람직하다. 그것도 어렵다면 집단의 첫 회기를 오리엔테이션 시간으로 만들고 집단원이 집단에 대해 전념하겠다는 서약을 받는 것이 좋다. 왜냐하면 이런 경우 집단원은 그들이 왜 집단에 있는지 혹은 집단상담이 자신에게 어떻게 유익한지를 모를 수 있기 때문이다.

4) 사전교육의 제공

집단을 실시할 때는 사전 교육을 통하여 군 집단상담의 의미와 필요성, 집단 참여 방법, 한계, 개인과 부대의 목표설정 등 프로그램에 대한 전체적인 교육을 실시하는 것이 도움이 된다. 이때 직접적으로 교육을 하거나 PPT를 통해 교육할 수도 있다. 또한 실제 집단상담 과정에 대한 비디오나, 모의집단의 참가를 하여 사전경험을 하게 할 수도 있고, 집단원 전체 또는 개인별로 만나는 기회를 제공하기도 한다. 이러한 사전교육을 통해 구성원의 집단참여의 동기유발과 집단의 과정에 능동적으로 참여하도록 돕는다.

3. 군 집단상담 구성 시 현실적 고려사항

1) 집단의 크기 및 구성

집단의 크기는 집단원의 연령, 집단상담자의 경험수준, 집단의 유형, 집단에서 탐색할 문제 등 여러 요인에 따라 다를 수 있다. 집단의 크기는 모든 집단원이 원만한 상호작용을 할 수 있을 정도로 커야 하고, 동시에 모든 집단원이 정서적으로 집단 활동에 관여하여 집단감정을 느낄 수 있을 정도로 작아야 한다. 대부분의 집단 전문가들은 5명에서 15명의 범위 안에서 특히 7내지 8명이 이상적인 수라고 보는 듯하다. 그러나 두 사람의 집단상담자가 함께 집단을 지도할 때는 15명 정도도 무방할 것이다(이형득 외, 2002).

군 집단상담에서는 분대별, 소대별, 또는 중대별로 집단상담이 이루어지기가 쉬우므로 집단원의 수가 일정하지 않는 경우가 많다. 일반적으로 집단의 구성은 성별, 연령, 경력, 성격 등을 고려하는 것이 바람직하지만, 군 복무 중인 장병들은 대부분 정신적, 육체적으로 건강하며, 학력수준 또한 높은 편이므로 군 부대특성상 건제유지를 하는 것이 적절하다. 또한 집단구성은 같은 중대 내에서 반드시 이루어지도록 하는 것이 효과적이다. 집단의 크기는 8~10명이 적당하나, 군 부대의 특성상 12~15명이 적절하며, 그 이상의 크기로도 진행될 수 있다. 보다 구체적인 방안을 살펴보면 다음과 같다.

가) 군 집단 구성 기준은 일반부대와 특수부대는 조직구성이 다르기 때문에 나누어 적용하는 것이 합리적이다. 일반부대는 분대규모인 10~12명이 최적단위로 볼 수 있고, 소대규모는 3~4개단위로 나누되 건제유지를 위해서는 타 중대와는 혼합 편성하는 것을 피해야 좋다. 특수부대는 1개 팀이 12명으로 조직되어 있으므로 집단으로 구성하기에는 최적의 규모이다.

나) 부대별 및 계급별 기준은 일반부대인 경우, 부대 건제순으로 편성하였을 때 집단지도자는 44명이 소요된다. 대대를 기준하였을 때는 간부 중심으로 편성하면 1개 팀으로 구성하고, 본부중대는 병사중심으로 3개팀으로 구성할 수 있다. 중대는 중대본부를 간부 중심으로 1개팀(총 4개팀)을 구성하고, 소대는 통합해서 9개 팀으로 했을 때, 36개 팀으로 구성된다.

다) 특수부대는 팀단위로 편성하면 집단지도자는 20명이 소요된다. 대대 참모부

는 간부중심으로 1개 팀, 본부는 병사중심으로 1개 팀, 그리고 중대는 총 16개 팀으로 구성할 수 있다. 팀 구성을 할 때, 부대사정상 구성이 어렵더라도 건제를 유지하는 것이 좋으며, 가급적이면 혼합편성은 피하는 것이 좋다.

라) 해군과 공군부대는 육군의 간부와 병사편성의 차이가 있으므로, 집단 구성을 할 때에는 부대별, 계급별로 나누되 건제를 유지하여야 상담 효과를 극대화할 수 있다.

2) 집단회기의 빈도와 길이

집단이 얼마나 자주 만나야 하는가? 회기의 길이는 어느 정도로 해야 하는가? 이는 집단원의 연령과 주의집중력, 그리고 내적 외적조건, 집단의 성격에 의하여 조정될 수 있다. 무엇보다도 회기가 너무 지루하거나 피로를 느낄 정도로 길거나 싫증이 날 정도로 장기간을 잡는 것은 비효과적이다. 보통은 성인의 경우 주1회 2시간정도가 적당하다.

마라톤집단의 경우에는 계속해서 12시간, 24시간 혹은 48시간을 모여서 활동한다. 이와 같은 형태의 집단에서는 오히려 계속적인 상호작용과 수면부족에서 오는 피로현상을 집단원간에 통상적 가면을 벗기고 있는 그대로의 자기노출, 강력한 정서적 몰입과 대인간의 맞닥뜨림의 촉진자료로 활용하려고 하기 때문에 긴 시간의 활동을 장려하기도 한다(이형득외, 2002).

군 집단상담에서는 군의 일정상 집단상담을 위한 장병의 소집을 자주 갖는 것이 쉽지 않기 때문에 1회적으로 1일이나 1박2일 또는 길면 2박 3일정도의 마라톤 집단으로 구성되는 경우가 많다. 그리고 정해진 날짜도 갑작스러운 부대사정으로 인하여 연기될 수도 있다.

따라서, 군 집단상담의 경우, 집단 대상과 문제의 심각성이나 집단의 특성, 훈련일정에 따라 집단상담의 빈도는 달라질 수 있다. 일반적으로 군부대의 경우에는 훈련

등 부대 운영을 고려하여 2박 3일, 1박 2일 프로그램은 1회, 1일 프로그램은 2~4회로 구분하여 실시할 수 있다. 또래상담 프로그램인 경우에는 소속부대 내 선임, 동료, 후임병과의 상담자 역할을 해야 하므로 5회기 정도가 적당하다. 집단이 끝난 후의 추수모임은 필요하나, 해당 지휘관과 협조하여 가능하다면 On-Line 모임 또는 별도의 방문 등으로 진행하는 방법도 권장할 만하다. 시간적 손실 없이 치료효과를 얻고, 병영생활에서의 원활한 활동을 보장할 수 있는 상담의 빈도 간격은 부대사정을 고려하여 융통성 있게 조정할 필요가 있다.

각 시간별 프로그램을 보다 자세하게 설명하면 다음과 같다.

(1) 2박 3일 프로그램

군집단지도자들의 도착 및 출발시간 등을 고려하여 1일차 7시간, 2일차 10시간, 3일차에는 3시간 등 20시간 동안 실시한다. 개인과 부대목표를 탐색하고 집단원의 상호작용이나 개인성찰 면에서 가장 좋은 성과를 달성하므로 부대여건이 충족된다면 권장할 만한 과정이다.

(2) 1박 2일 프로그램

군집단지도자 도착 및 출발시간을 고려하여 1일차에는 7시간, 2일차에 8시간 등 15 시간을 실시한다. 단, 1일차 오전에 부대에서 사전검사를 완료해야 한다.

(3) 1.5일 프로그램

부대운영 여건을 고려하여 1.5일 프로그램이다. 즉 1교대는 1일차 7시간, 2일차 3시간 등 10시간을 실시하고, 2교대에는 2일차 7시간, 3일차 3시간 등 10시간과정이다. 2박 3일 프로그램을 운용하는 경우에는 2교대로 편성하여 부대 전 장병이 열외 없이 실시할 수 있는 과정이다. 또한 기본업무 수행 즉, 경계근무, 상황근무 및 보급품 수령, 기타 근무지원 등을 하기 위해 수시로 열외하는 구성원들을 배려한 과정이다.

(4) 1일 프로그램

1일 프로그램은 09:00부터 18:00까지 실시하고, 사전검사는 프로그램 시작 전에 부대에서 주관하여 완료한다. 단, 1회기보다는 2회기이상 진행하는 것이 효과적 이다.

(5) 반나절(Half-day) 프로그램

반나절 프로그램은 부대운영 주기를 고려하여, 4시간정도 효과적으로 집단상담을 할 수 있으나 5회차 이상 보장되어야 한다. 집단지도자의 활동여건과 부대사정이 허락 된다면 권장할 만한 과정이다.

3) 집단상담 장소와 분위기

집단상담실의 장소는 방음이 잘되어 집단 활동이 외부로 새어나가지 않을 뿐만 아니라 외부의 소음으로부터도 보호될 수 있는 곳이 적합하다. 장소의 크기는 지나치게 커서 주위가 분산되거나 또는 지나치게 작아서 답답하거나 신체활동에 지장을 주지 않을 정도로 적당하면 좋다. 앉을 때에는 탁자에 둘러앉는 것 보다는 집단원의 비언어적 메시지가 잘 관찰될 수 있도록 동그랗게 방바닥에 편하게 앉는 것이 좋다. 공동지도자가 있을 때에는 서로 반대편에 앉는 것이 지도자와 집단원간에 분리된 느낌을 주지 않고 서로 협력하기에도 유리하다.

군 집단상담의 경우에는 아직까지는 적절한 집단상담 장소가 마련된 부대가 드물다. 병영 내에서 집단상담실로 가용한 시설은 생활관, 교회, 강당, 강의장, 면회실, 공부방 등이며, 방학 중인 경우에는 인근 학교시설을 이용할 수 있다. 대부분 생활관을 활용하거나 회의실, 인근 학교 등 다양한 장소를 활용한다. 지도자는 집단원과 함께 가능하면 동그랗게 앉을 수 있도록 다시 자리를 셋팅하는 것이 좋다. 미리 부대 측에 요청하여 준비해 두면 시간과 에너지가 절약되고 차분한 분위기에서 집단상담을 시작할 수 있을 것이다.

생활관을 활용하여 여러 집단이 동시에 진행되는 경우에는 집단 도중에 경계를 나갔다가 돌아왔거나 새롭게 나갈 준비를 하는 부대원이 장비 때문에 들락거릴 때가 간혹 있으며, 정해진 시간에 집단상담을 마치지 않으면 먼저 집단상담이 끝난 부대원들이 생활관 문 앞에서 기다리거나 자신의 물건을 챙기러 들어오는 경우가 있어서 집단상담이 끊어지거나 어수선해질 수 있다. 그러므로 지도자는 집단을 구성할 때 이 점을 고려하여 부대 측과 잘 협의가 되어야 하며, 지도자들끼리도 서로 미리 약속하여 시간을 잘 지키고 오리엔테이션 시간을 통하여 집단원에게도 잘 알려야 할 것이다.

4) 집단상담 경험 보고서

매 번 회기가 끝난 후 각 집단원으로 하여금 그날의 집단경험에 대해 일기형식으로 경험보고서를 써서 다음 모임 때 제출하게 하면 많은 효과가 있다. 가능하면 집단경험이 끝난 직후에 쓰는 것이 있는 그대로의 느낌이나 생각을 담을 수 있어서 더욱 좋다. 보고서의 내용은 크게 두 부분으로 나눌 수 있다. 첫째는 자신의 느낌에 대해서 쓰게 한다. 그날의 집단경험이 시작되기 전, 경험도중, 경험이 끝난 후, 또는 보고서를 쓰는 현재의 전 과정을 통하여 일어났던 혹은 일어나고 있는 여러 가지 느낌을 적게 한다. 둘째는 그날 집단경험을 통하여 얻은 지적인 학습에 대하여 기록하게 한다. 삶, 인간, 새로운 행동양식, 대인관계 등 여러 가지에 대하여 새롭게 깨닫고 학습한 것이 있으면 상세히 적어 보게 한다. 이렇게 함으로써 개인은 자신을 발견하고 새로운 행동변화에 대한 경험을 스스로 강화하게 되는 것이다(이형득 외, 2002).

군 집단상담의 경우에는 간혹 집단원의 경험보고서나 소감문을 부대에서 보기를 요청을 하는 경우가 있다. 부대 규정상 꼭 그렇게 해야만 할 경우에는 반드시 집단원에게 미리 알려 주고 양해를 구해야 한다. 지도자는 이 부분을 부대 측과 집단상담 계약 체결 시 미리 담당 장교와 논의하여 지켜야할 세부 규정을 정하여야 한다. 그러나 가급적이면 간부들과 협조 하에 집단상담 평가지를 활용하는 것이 바람직하다.

제 4 장

군 집단상담의 과정별 특징

사례 1-1. 집단 준비단계에서

집단원들에게 예명을 만들어서 선물하자고 제안을 하니까, 한 집단원이 "이런 것 해야 돼요?'라고 말을 한다. 이런 경우 지도자는 어떻게 반응해야 할까?

사례 1-2. 집단 과도적 단계에서

집단상담이 진행되고 있는 가운데, 한 집단원이 "이런 것 안하면 안되나요?"라고 말을 한다. 이때 지도자는 어떻게 반응해야 할까?

사례 2-1. 작업단계에서

집단원이 "나는 내가 어떤 사람이 되고 싶은지 모르겠어요, 또는 감사하는 사람이 없어요"라고 부정적으로 반응하는 집단원이 있을 경우에 지도자는 어떻게 개입해야 할까요?

사례2-2. 종결단계에서

소감문을 쓰자고 제안하니까 한 집단원이 "말로 하면 안돼요?"라고 말을 한다. 이때 지도자는 어떻게 반응해야 할까?

군 집단상담은 장병들이 복무기간 중에 일어나는 군의 역동성을 바탕으로 개인의 목표와 부대의 목표를 달성하도록 조력하는 일련의 전문과정이다. 신세대 장병은 개인 중심적이며 즉각적 반응에 대한 민감한 인식을 가지고 있으나 질서 및 규범의 의식이나 권위에 대한 의식이 부족하고 개성과 브랜드 파워에 대한 이끌림 현상이 있다고 한다. 군 집단상담은 이러한 신세대 장병의 성장과 발달을 돕는 부대 분위기를 조성하여 최강의 전투 임무수행 능력을 발휘하는 토대를 구축하고 병영문화 개선의 중추적 역할에 기여하기 위하여 실시하는 상담방법이다.

집단상담은 여러 단계를 거쳐서 진행되는데 집단이 거쳐야 할 몇 가지 단계에 대해서는 학자에 따라서 의견이 다르다. 예컨대 이장호는 참여단계, 과도적 단계, 작업단계, 종결단계 등 네 단계로 나누고, Corey는 집단 시작 전 단계, 초기단계, 과도기단계, 작업 단계, 종결단계로 나누며 이형득은 시작단계, 갈등단계, 응집성의 발달단계, 생산적 단계, 종결단계 등 다섯 단계로 나누기도 한다. 한편 Yalom은 정향단계, 갈등단계, 응집력 발달의 단계, 하위집단 형성의 단계, 치료 집단의 갈등단계, 자기공개의 단계, 종결단계 등 7단계로 나누고 있다.

그러나 군 집단상담은 개인이 자유로이 집단 참여를 결정할 수 없고 집단에서 탈퇴 등이 자유롭지 않으며 교육 또는 훈련 등과 같은 부대의 내 외적 요인에 영향을 받는다. 따라서 군 특성을 고려한 군 집단상담은 다음과 같이 선발단계, 준비단계, 참여단계, 과도적 단계, 작업 단계, 종결단계 등 여섯 단계로 제시한다.

1. 선발단계

이에 앞에서 집단 구성의 원리에서 살펴보았듯이 선발단계는 매우 중요한 시기이다. 집단 지도자가 얼마나 주의 깊은 태도로 집단을 구성 하는지에 따라 집단의 성과가 좌우되기 때문에 어떤 장병들을 무슨 목적으로 선발하는지 등에 대한 철저한 준비가 필요하다.

일반적으로 이 단계에서는 집단의 성격과 목적을 설정하고 다시 말해 이 집단에 참여함으로써 집단원이 얻을 수 있는 것은 무엇인지, 그리고 집단원들이 자발적으로 참여했는지, 아니면 지시에 의해서 비자발적으로 참여했는지를 파악하고 선별에 따른 효과적인 상담전략을 탐색한다. 선발단계는 군 집단상담에서 가장 초보적 단계이지만 상담의 성과를 결정하는 중요한 단계이다. 군부대에서는 언제라도 집단상담을 하고 싶다고 해서 진행할 수 있거나 참여할 수 있는 것은 아니다. 부대 내에서 집단상담을 실시하고자 하는 경우 다음과 같은 사항을 고려해야 한다.

첫째, 먼저 집단상담의 목적과 목표, 요구되는 시간 및 계획표를 가지고 해당 부대의 지휘관과 담당 장교의 협력과 승인을 구해야 한다. 때로는 해당 부대의 지휘관의 요청에 따라 관련 실무자와 협조하여 프로그램을 구성하여야 한다.

둘째, 집단상담을 계획할 때는 프로그램이 부대 지휘관의 핵심가치, 예를 들면 존중과 배려를 바탕으로 한 단결과 충성이 핵심가치인 경우 이를 실현하도록 부대의 임무와 특성을 반영하여 구성되어야 한다.

셋째, 집단상담 시기는 연간 부대 운영 계획과 주기 훈련예정표 등 부대 운영주기를 참고하여 결정하여야 한다. 예를 들어 하절기나 동절기 및 혹한기에는 전반적으로 훈련이 없는 편이다. 이 시기를 집단상담으로 활용할 수 있다.

넷째, 집단의 참여 및 탈퇴에 대한 사전 준비가 있어야 한다. 일반적인 집단상담 구성은 개인이 자발적으로 참여하거나 탈퇴할 수 있지만 군에서는 이것이 사실상 불가능한 경우가 많다. 따라서 다수가 비자발적으로 참여하는 경우가 많을 것이며 이때는 프로그램의 목표와 참여 후 효과에 대해 명확한 인식을 할 수 있도록 돕는 일이 필요하겠다. 자발적인 참여가 가능한 경우에는 부대 내의 벽보게시판에 집단상담 광고문을 게시하고 신청자에 한해 상담을 진행할 수 있다.

2. 준비단계

두 번째 단계는 마음을 여는 준비단계이다. 집단원들은 상호간에 서먹함을 느끼고 어떻게 할 바를 모르며 집단 지도자에게 의존적인 것이 특징이다. 특히 집단에 참여하기를 주저했던 경우에는 상담자가 보이는 반응을 매우 중요시하며 자신이 발언할 때도 지도자를 쳐다보거나 지도자에 대해 답변을 요구하는 듯한 태도를 보이기도 한다.

이때 지도자는 집단원들이 편안하게 상담에 임할 수 있도록 돕고 그들로 하여금 상호작용을 하도록 하기 위하여 각 구성원이 이 집단에 들어오게 된 이유가 무엇인지를 분명히 해주고 서로 친숙하게 해주며 수용과 신뢰의 분위기를 형성하여 집단상담에서 새롭고 의미 있는 경험을 가지도록 이끌어 준다. 또한 구성원들로 하여금 스스로 집단의 '규범'과 상호협력적인 자세를 갖추도록 함으로써 효율적인 집단분위기를 만들어 준다. 지도자는 집단원에게 다른 사람의 말을 깊이 듣고 다른 사람이 말할 수 있도록 도우며 자기의 감정을 공개하고 자신이 원하는 바람직한 행동을 탐색하며 그것을 실천하는데 힘쓸 것을 권유해야 한다.

이 단계에서는 구조화된 프로그램의 경우 오리엔테이션 및 서약서 작성을 진행할 수도 있다. 오리엔테이션은 일반적으로 "집단상담이란 무엇이며 이를 통하여 어떤 도움을 받을 수 있을 것인가?" 그리고 "집단상담에 대한 몇 가지 일반적인 지침과 집단에 적극적으로 참여하는 방법은 어떤 것인가?"에 대한 사전 교육의 기회를 가짐으로 집단상담에 대한 일반적 오해와 비현실적 기대를 해소한다.

군 집단상담에서는 집단상담의 의미와 필요성, 집단의 특수성, 집단원의 책임, 집단의 한계, 그리고 일반적으로 이와 같은 경험을 통하여 집단원이 무엇을 얻을 수 있는가에 대하여 설명하고 토의한다. 나아가 개인적인 행동목표 설정의 필요성 및 행동목표의 성격과 설정 방법, 부대 목표가 무엇인지 확인 하고 개인목표와 부대목표의 연계에 대하여 설명하고 토의한다.

군 집단상담에 병사들이 참여하는 경우 문제가 있는 병사라는 낙인(stigma)이 생길지도 모른다는 참여에 대한 두려움과 주저함이 있을 수도 있다. 지도자는 병사들에게 집단상담에 참여하는 소감과 느낌은 어떤 것인지, 상담을 마치고 생활관으로 돌아갔을 때에 어떻게 할까를 충분히 토의하여 집단상담에 참여하는데 대한 불안감과 두려움을 해소시켜 주어야 한다.

서약서 작성은 일반적으로 상담윤리를 성실히 준수할 것을 서약하게 한다. 군 집단상담에서는 집단상담에서 지켜야 할 사항 즉 진지하게 참여하고 집단원의 비밀을 남에게 알리거나 이용하지 않으며 다른 대원의 생각을 존중하고 나의 발전을 위하여 노력하며 집단원의 발전을 위해 적극적으로 도울 것을 약속하게 한다. 서약서 작성은 군인으로서의 명예심을 일깨우고 군 조직에서 지켜야할 윤리성을 제고하게 된다.

3. 참여단계

세 번째 단계는 참여단계로서 지도자는 그 집단이 나아갈 방향을 제시하고 솔선하여 집단목표와 군의 목표설정을 돕고 집단의 유지발전에 도움을 준다. 지도자가 집단의 목표를 분명히 하고 서로 친숙해 지도록 하기 위해서 기울여야 하는 노력의 정도는 집단이 얼마나 성숙되어 있는지와 구성원들의 저항이 어느 정도인지에 따라 다르다. 지도자는 참여과정을 촉진시키기 위하여 다양한 경험과 접근방법을 활용할 수 있다. 집단을 시작하는 방법이나 집단구성원이 서로 경험을 나누도록 하는 '최선의 방법' 이란 없다. 지도자는 집단원이 각자가 자신의 감정을 가지고 있음을 알고 구성원들 스스로가 무엇을 할 것인지를 결정하게 하고 집단원 각자가 주어진 상황에 어떻게 적응하고 있는지를 탐색할 필요가 있다.

집단원들은 성장과정과 지역적 문화가 다양하고 경제적 환경의 차이, 개인의 학술전공분야(대학전공분야)와 홍미, 관심, 성격과 성향, 역량의 차이 등이 다양하므로 집단의 역동을 이끌어 내기 위하여 지도자는 창의적인 방법을 탐색하고 적용하는데 힘써야 한다. 일반적으로 이 단계에서 지도자는 집단원에게 자기소개를 통하여 서로 친숙해 지도록 하며 집단원에게 집단의 목적과 기본 원칙을 확인시켜 준다. 집단원이 자기소개를 할 때는 자신의 이름뿐만 아니라 몇 가지 이야기를 함께 하도록 하는 것이 좋다. 자신의 실제 이름을 말하지 않고 마음에 드는 별칭을 지어 집단과정 동안 그 별칭을 사용하기도 한다. 이때 지도자는 집단원 사이의 이해를 돕기 위하여 몇 마디 질문을 할 수도 있으며 집단원 각자가 어떻게 자기를 소개하는지 관찰하고 얼마나 서로가 감정을 공유하고자 하는지, 주어진 주제에 대해서 어떤 태도를 가지고 있는지, 자신과 다른 집단원에 대한 느낌은 어떠한지 등을 면밀히 관찰한다.

구조화된 프로그램의 경우 군 집단상담에서는 이 단계에서 자기소개 및 부대광고 만들기를 진행할 수도 있다. 자기소개는 자신이 어떤 사람인지 즉 자신이 간절히 원하는 것, 좋아하는 것, 가장 잘할 수 있는 것, 자신을 행복하게 하는 것, 자신에게 가장 소중한 것, 자신을 두렵게 하는 것, 다른 사람들이 자신을 어떻게 생각할까?(부모님, 선임, 동료나 후배) 가장 듣고 싶은 말은 어떤 것인가? 등을 소개하게 하여 집단원들이 내면의 자기를 알고 자신을 사랑하며 집단원 서로를 이해하고 나와 다름을 수용하면서 배려와 존중을 경험하게 된다. 또한 자신이 얼마나 멋진 사람인지 알게 된다. 따라서 집단원들은 '자존감' 을 높이고 '정체성' 을 확립하게 된다. 부대광고 만들기에서는 자기 소속 부대의 자랑거리와 특수성을 발견하고 그것을 긍정적으로 표현하고 수용하여 군 복무기간 동안 자신의 역량 계발과 연계시킨다. 그로 인하여 부대임무와 특성, 직책에 따라 군 복무에 충성하고 동료와 협력하여 광고를 만들면서 신뢰감을 쌓게 되고 소속감을 일깨우게 되어 군인으로서의 사명감을 일깨워 명예심과 충성심, 윤리성을 고양시킨다.

4. 과도적단계

네 번째 단계인 과도적 단계는 참여단계에서 생산적인 작업단계로 넘어가는 '과도적 과정' 이라고 볼 수 있다. 이 단계에서 집단은 일반적으로 불안, 방어, 저항, 지배의 범위, 집단원간의 갈등, 상담자에 대한 도전 및 상담자와의 갈등 등 다양한 패턴들이 나타나는 특징을 보인다.

집단원은 자기 지각이 증대됨에 따라 스스로에 대해 어떠한 생각을 갖게 될지, 그리고 타인들이 자신을 수용할지, 거부할지에 대해 염려하게 되고 집단 환경이 얼마나 안전한지 판단하기 위하여 상담자나 다른 집단원을 시험하려 하며 통제와 힘에 대한 역동, 다른 사람들과의 갈등을 경험하게 된다. 지도자는 집단 내에 존재하는 갈등이나 부적응 반응, 또한 불안에 대한 방어심리에서 나온 저항감을 기꺼이 직면하여 해결하는 데 필요한 도전감과 용기를 불어넣어 주어야 한다.

군 집단상담에서는 여기서 군에 대한 다양한 불평, 불만 등 새로운 대안적 행동이 나타날 수도 있다. 이때 지도자는 이를 생산적으로 활용할 수 있도록 조력하는 것이 매우 중요하다. 즉 지도자는 집단원의 수용능력과 준비정도에 따라 자신의 지도력을 적절히, 그리고 제 때에 발휘하여야 한다. 어떤 도전도 직접적이고 실질적으로 다룸으로써 인간으로서 그리고 전문가로서 집단원에게 적절한 모델링을 제공하여 갈등상황을 충분히 다루고 인식하는 일에 대한 가치를 구성원들에게 가르쳐준다.

집단원은 과도적 과정에서 집단원간의 느낌과 지각내용의 상호교류가 자신들에게 얼마나 이로운가를 배우게 되고 여러 가지 경험을 통하여 직접적이고, 정당하게 분노를 표현하는 방법을 배울 수 있다. 자신의 감정을 제대로 표현하지 못해왔던 집단원은 적절한 감정표현을 시도할 수 있으며 적절한 감정 표현이 결코 위험하거나 파괴적이지 않다는 것을 배울 수 있다.

반면에 맹목적으로 자기주장을 해온 집단원은 다른 집단원으로부터 피드백을 받음으로써 그들의 주장이 대인관계에 미치는 결과를 학습할 수 있다.

이 단계에서는 구조화된 프로그램의 경우 인생 등고선 그리기, 행복했던 경험 나누기를 진행할 수도 있다.

집단원들은 인생 등고선 그리기를 통해 자기의 삶을 되돌아 보면서 어렵고 힘들었던 일, 또는 즐겁고 기뻤던 일, 자랑스러웠던 일 등을 다시 경험하게 된다. 이 과정을 통하여 자신을 힘들게 했던 어렵고 슬펐던 경험은 자신을 강하게, 용감하게, 당당하게 하였고 무엇이든지 할 수 있다는 긍정적인 자신감과 자존감을 가지게 하였으며, 불행했던 일은 또 다른 행복의 시작이라는 것을 깨닫게 된다. 또한 미래의 행복한 인생을 위해 자신 있게 도전할 수 있다는 긍정적인 생각과 열린 마음과 태도를 가지고 병영생활을 뜻있게, 보람되게 최선을 다할 것을 다짐하게 된다. 행복했던 경험 나누기는 부모 형제, 친구들, 전우들과의 행복했던 경험을 찾아 그때의 경험을 다시 하게 함으로서 행복이란 크고 화려한 것 에서만 찾을 수 있는 것이 아니라 작고 대수롭지 않은 평범한 것에서도 큰 행복을 얻을 수 있다는 것과 행복은 누가 가져다주는 것이 아니라 자신의 선택에 의해 누리게 됨을 인지한다.

5. 작업단계

다섯 번째 단계는 집단상담에서 가장 핵심적인 과정인 작업단계로서 자기 성숙의 시간이다. 집단이 작업 단계에 들어서면 집단원은 저항이나 불편함이 줄어들고 응집력이 생기게 되며 집단을 신뢰하게 되고 자기의 마음을 솔직하게 공개하기 시작한다. 그리고 자신의 구체적인 문제들을 집단에 가져와서 활발히 논의하며 바람직한 관점과 행동방안을 모색하게 된다. 집단원은 다른 사람의 가치관이나 행동에 대하여 폭넓게 수용할 수 있게 되며 집단원간에 관계를 통하여 자신에 대한 통찰과 자신의 행동을 변화시킬 수 있는 준비를 갖추게 된다.

집단원들은 집단 밖에서 행동의 변화를 가져오려고 노력하며 변화하려는 자신의 시도가 지지를 받는다고 느끼며 과감히 새로운 행동을 시도한다. 이때 집단원들이 높은 사기와 소속감을 갖는 것이 특징이며 '우리집단' 이라는 느낌을 갖는다. 그러나 집단원의 집단에 대한 자부심이 점차로 커지고 집단이 결속되어감에 따라 집단에서 부정적인 감정의 표현을 오히려 억제하려는 경향이 생길 수도 있다.

지도자는 집단원들이 대인관계를 분석하고 문제를 다루어 나가는데 자신감을 얻도록 도와준다. 우유부단한 집단원이 자신에 대한 모종의 결정을 집단이 내려주기를 바라더라도 먼저 자신의 행동을 스스로 결정하도록 권장하고 다른 집단원이 어느 한 집단원의 생각이나 선택을 좌우하는 것을 막아야 한다. 한 집단원이 스스로 어떤 결정을 하거나 자기의 생각을 행동으로 옮기려고 한다면 다른 집단원은 이를 뒷받침해주고 격려해 주지만 그를 위해서 어떤 결정을 대신 해주어서는 안 된다. 집단원 스스로 선택한 행동계획이 실패하거나 부분적으로 성공하더라도 집단으로서는 그 문제와 관련된 상황을 토론하고 집단원의 입장을 이해하려고 노력했다는 면에서 생산적이다.

작업단계에서는 집단원이 전반적인 규칙을 알게 되고 집단에서의 언행에 대해서 스스로 책임을 져야한다는 것을 알게 되며 각 집단원간에 서로 열심히 도우려는 경향이 나타난다.

지도자는 집단원간에 서로 경쟁적으로 도우려 하거나 명석한 통찰과 처방만을 제공하는 분위기가 되지 않도록 주의해야 하고 진정한 자신의 감정의 표출과 교류가 이루어지도록 도와야 하며 행동을 변화시키기 위하여 필요한 행동의 실천을 할 수 있는 용기를 북돋아 준다. 특히 지도자는 어려운 행동을 실천해야만 하는 처지에 있는 집단원에게 다른 집단원과 함께 강력한 지지를 보내주어 실행할 수 있는 용기를 준다.

구조화된 프로그램의 경우 이 단계에서 군 가족에 대한 기쁨과 감사 찾기와 성공 시나리오 만들기 그리고 감사와 사과 쪽지 나누기를 진행할 수도 있다. 군 가족에 대한 기쁨과 감사 찾기에서는 나와 가족 구성원의 관계를 이해하고 자기의 역할을 알게 되므로서 나와 군 가족 간의 위계질서 및 도리를 지키게 되고 군 가족에 대한 존중과 배려를 통해서 얻어지는 예의와 범절을 익힌다.

성공시나리오 만들기는 자신이 정말 원하는 것이 무엇인지, 꿈이 무엇인지, 비전이 무엇인지 알게 된다. 또한 자신의 성장 발전을 위하여 즐겁게 잘할 수 있는 일을 찾아 실행 목표를 세우고 그를 위한 성공전략을 수립하여 잘 실행할 수 있다는 긍정적인 자신감과 신뢰감을 가지고 몰두하는 태도를 가지게 된다. 또한 책임감과 솔선수범의 내면화를 도모한다.

감사와 사과 쪽지 나누기에서 사과 쪽지 나누기는 병영생활을 하면서 전우들 간에 생길 수 있는 무관심, 또는 지나친 간섭 등 서로의 잘못을 인정하고 그것을 수용하고 개방하는 용기와 담대한 태도를 가지게 되며 감사 쪽지 나누기를 통해 전우들 간에 생긴 도움을 받았던 일이나 작은 관심과 배려에도 감사하고 서로 보듬어 주는 예의범절의 습관화를 꾀한다.

6. 종결단계

마지막 단계는 종결단계로 어떤 의미에서는 하나의 '출발'을 의미한다고 볼 수 있다. 집단원 각자가 자신을 사랑할 수 있고 문제적 상황들에 대하여 융통성 있게 대처하며 자신의 가치를 신뢰하고 이를 추구하게 되었다면 집단상담을 종결시켜야 한다. 이때 집단원들은 서로 간에 두려움과 희망, 근심을 표현하며 집단상담에서 배운 것을 실생활에 옮길 수 있을 것 인가에 대한 두려움은 물론 집단이 해체되는 것에 대한 두려움도 느낀다. 집단원들은 집단상담이 미친 영향을 평가하게 된다. 또한 변화는 시간과 노력 그리고 연습이 필요한 것임을 기억하고 어떤 면에서 변화할 것 인지 결정하고 그것을 어떻게 실천할 것인지 계획한다.

종결단계에서는 누구나 친밀하게 돌보아주는 인간관계가 가능하며 또한 자신도 타인으로부터 친절한 조언이나 비판 등을 받을 수 있음을 체험하게 된다. 대부분의 사람들이 집단의 구성원으로 참여했던 것을 만족해하며 집단에서 자유스럽게 자기의 감정, 두려움, 불안, 좌절, 적대감 등의 여러 가지 행동을 무엇이든 표현할 수 있었던 것에 만족해 한다.

지도자는 집단상담의 전 과정에서 집단원들이 각자의 행동에 대한 자기 통찰을 하도록 훈련 시켜야 하지만 특히 종결단계에서는 앞으로의 행동방향에 대해서 주의를 기울이도록 상기시켜야 한다. 집단원이 집단에서 경험하고 배운 것을 일상생활에서 적용하여야 한다는 점과 자신을 보다 더 깊이 이해하고 타인을 수용하면서 자신의 수양과 성숙을 위하여 더욱 노력해야 함을 강조한다.

다시 말해 집단과정에서 배운 것을 미래의 생활 장면에서 어떻게 적용할 것인가를 다짐하게 한다. 지도자는 집단의 참가자들에게 집단에서의 경험이 어떤 의미를 갖는지 명확하게 하고 상담에서 배운 사실을 일상생활에 적용 하도록 돕는다. 집단원에게 자기표현의 기회를 주고 집단 내에서 아직 마무리 짓지 못한 문제를 정리 하고 바람직한 피드백을 주고받을 수 있는 기회를 준다.

특히 집단상담의 마지막 단계에서 해야 할 일들 중 하나는 변화를 집단 밖 환경에 적용할 수 있도록 구체적인 행동계획을 발전시키는 것 이다. 그리고 집단원들로 하여금 스스로를 미래에 투사해보게 함으로서 개인의 성장을 계속하기 위하여 필요한 도구와 자원을 얻게 한다.

지도자는 집단원들에게 집단상담을 하면서 중요한 변화가 있었던 순간을 돌이켜 보게 하고 소규모 집단을 만들어 토론을 하게 한다. “집단상담에 얼마나 적극적으로 참여 했나?,” “나를 가장 변화하게 한 프로그램은 어떤 것이며 그것이 나에게 어떤 영향을 주었나?” “집단에서 개인 목표를 어느 정도까지 달성했는가?” 등에 대해 토론하고 전체적인 소감을 쓰게 하여 집단상담을 통해 얻어진 자원을 활용하여 자기성장에 힘을 기울이게 돕는다. 또한 집단상담을 마무리 지으며 상담윤리를 준수할 것을 상기시킨다. 특히 비밀을 지킬 것과 배운 것을 잊어버리지 않게 하는 방법을 다시 한번 강조한다.

구조화된 프로그램에서는 마지막 단계에서 병영생활 실천 계획서와 소감문을 작성하게 할 수 있다. 이를 통하여 군부대의 목표와 개인의 목표와 상담의 목표가 일치되어서 모든 상담이 종결된다. 병영생활 실천계획서는 군 복무 중에 임무수행을 하면서 얻어지는 역량이 어떤 것인지 알고 그 역량을 가지고 병영생활을 어떻게 실천할 것인지 다짐하고 한편 부족한 역량은 어떤 것이며 그것을 보완하려면 무엇을 어떻게할 것인지 구체적으로 전략을 세우고 실천할 것을 다짐하게 한다.

소감문 작성은 프로그램 전체를 체험하는 동안에 느낀 생각과 변화된 마음을 표현함으로써 자기를 사랑하고 삶에 대한 유연한 선택을 하게 하며 자신의 선택에 대한 책임을 질 것을 다짐한다.

제 5 장

군 집단상담의 기술

사례 #1

군부대 집단상담의 경우에는 집단지도자가 집단상담실에 들어갔을 때 집단원의 일부가 자고 있는 경우가 있다. 근무시간과 관계없이 진행되는 집단상담이 야간에 근무를 하고 온 병사들에게는 휴식시간처럼 느껴질 수도 있고, 집단원이 먼저 집단상담실에 와서 집단 지도자를 기다리는 경우가 많기 때문이다. 이럴 때 지도자는 어떻게 개입하여야 하는지 생각해 보자. 어떻게 할 것인가?

사례 #2

구조화된 집단상담 프로그램에서, 집단원은 자신의 의사를 반영하거나 조별 활동에 참여를 해야 한다. 다른 조원들은 열심히 참여하는데, 전체분위기를 썰렁하게 하는 반응으로 "그런 것 왜 해요?" "꼭 해야 되요? 이거?" 등의 반응을 보이는 병사가 있다. 이럴 때 집단지도자는 어떻게 개입해야하는지 알아보자. 어떻게 할 것인가?

집단을 성공적으로 운영하기 위해서는 집단 안에 일어나는 상호역동적 에너지(Energy)를 예민하게 감지해 낼 수 있는 기술이 필요하다. 특히 군 집단상담의 효율적인 운영을 위해서는 네 영역의 기술이 요구된다. 첫째, 집단의 기능을 활용하는 기술로 군의 절대적 가치인 국가와 국민의 안위를 보전하기 위해 존재하는 군의 목적(선간부의식전환교육지침서, 2008) 특성에 맞는 기능을 파악하고 활용할 수 있는 기술이 요구된다. 둘째, 감정을 다루는 기술로 집단원들이 자기감정을 알고 수용하며 표현하고 반응하도록 돕는 기술이다. 집단 지도자 역시 자신의 감정을 다룰 수 있어야 한다. 셋째, 현실 활용 기술로 인간은 스스로 자신의 문제를 해결할 수 있는 힘을 가지고 있다는 전제하에 집단원들이 나타내는 표현들을 현실의 관심으로 이해하고 동기와 책임을 느끼도록 하는 것이다. 넷째, 집단관계를 지지하고 이용하는 기술로 집단원들을 방치하거나 수동적인 관계가 아닌 능동적으로 집단원들이 스스로 하도록 기다리거나 혹은 침묵을 지킬 것인지를 분명히 선택하고 결정할 수 있을 때 전문 기술을 가졌다 할 수 있다. 그리고 의사소통 방식, 정서적 관계, 집단의 응집성, 집단의 규범, 집단의 지도성 등이 포함된 집단의 심리적 역동성 요인으로 요구되며 또한, 집단과정에 영향을 주는 복잡한 역동성의 전이, 집단원의 상호작용 그리고 집단의 역동원리를 파악하기 위한 추가적인 지식도 필요하다(연문희외, 2003). 이는 집단안에 움직이는 응집력을 읽어내고 그 응집력을 관리할 수 있어야 한다는 의미이다. 집단의 응집력이란 집단 안에 집단원들이 머무르도록 하는 힘으로(Festinger, Schacter, & Back) 집단상담의 성공과 실패를 결정짓게 하는 중요한 요소가 된다. 응집성을 기반으로 집단을 보다 안전한 상호 피드백, 지지, 정보교환, 충고, 수용과 새로운 방식의 존재방식을 시험해 봄으로 집단의 흐름을 상호역동적으로 촉진시키며 이런 집단상담을 통해 개인성장과 조직의 발전을 도모할 수 있는 분위기와 조건을 창출해 낼 수 있다(연문희외, 2003). 따라서 리더는 적정수준의 응집력을 유지해 나가는 기술을 갖추어야 할 필요가 있다(이윤주 신동미 선혜연 김영빈, 2008).

특히 군 본연의 임무를 수행해야할 군 집단상담에서는 긴 회기의 상담보다는 단기 집단상담으로 효과를 이끌어 내야 하기 때문에 각 부대 특성에 맞는 규범(norm) 내에서 실제로 군 집단상담에서 운용할 수 있는 기술들이 매우 중요하다. 이를 통해 군조직 내의 돌출 될 문제가 상호작용으로 관찰되어져야 한다. 그리고 현재 자신의 문제로 부각된 어려움을 새로운 관점에서 해석함으로 현재 여기의 경험들이 미래의 능력으로 축적됨으로 군 본연의 임무를 잘 수행하고 사회로 복귀하는 데 도움이 되어야 한다. 이런 면에서 집단상담자는 집단에 대한 지도 기술과 합리적 기능의 수행이 요구된다. 상담기술과 마찬가지로 집단 기술도 충분히 숙지하여야 한다. 집단상담의 기술들은 다음과 같다.

1. 기본영역

집단을 시작하면서 집단원과 집단지도자 모두는 어느 정도 불안감을 느끼게 된다(Gerald Corey, Marianne Schneider, Patrick, J. Michael Russell ; 2005). 지도자는 집단에서 일어나는 상황들을 효과적으로 다룰 수 있을지를 걱정하게 되고 집단원들을 어떻게 효과적인 방법으로 활동을 잘 이끌어 갈 수 있는지를 염려하게 된다. 집단원들 역시 불안감을 느끼게 되는데 군 집단상담의 경우 군부대 특성상 수직 관계의 상하계통이 유지되는 상황에서 집단원들 역시 '내가 이곳에서 이야기하는 문제들이 과연 부대 생활을 하는데 안전한가? 하는 두려움으로 자기 노출을 주저하게 된다. 이런 경우는 계급이 낮은 후임일수록 선임의 눈치를 살피게 되며 활동을 마치고 부대 생활로 돌아갔을 때 받게 될 부정적 반응으로 불안을 느낀다. 이런 여건을 극복하고 집단상담을 효율적으로 운영하기 위해서는 초기 단계에서 꼭 형성되어야 할 신뢰감 형성이 중요하다. 현재 지금 이곳이 서로가 믿고 이해하고 수용함으로 안전한 장소로 인식하게 하는 것이 중요하다. 때문에 군 집단상담에서는 군 조직을 통해 개인의 성장까지 이루어 내기 위해서는 개방적 태도를 허용하는 집단원들 간에 묵시적인 합의가 필요하다.

1) 집단의 환경과 집단의 테이블 만들기

집단초기 집단 활동에 도움이 되는 환경과 자리배치는 중요하게 고려해야 할 사항이다(Gerald Corey, Marianne Schneider, Patrick, J. Michael Russell ; 2005). 환경은 집단운영에 영향을 주기 때문에 가능한 한 도움이 되는 환경에 주의를 기울이는 것이 필요하다. 부대 상황상 집단상담 장소가 미비하거나 열악할 경우라 할지라도 운영해야 한다. 지도자의 기술이 요구되는 장면이다.

♣ 포인트

— 열악한 환경일 경우

지도자 : "오늘 집단상담의 장소로는 좀 열악합니다. 창문도 작고 환기도 안 되어서 문제를 탐색하는데 집중력도 떨어지겠네요. 우리 50분 동안 활발히 진행하다가 휴식 시간에 문을 활짝 열고 나가 신선한 공기를 마음껏 마실 때 그 신선한 느낌이 어떨지 생각해 보면서 열정을 발휘해 활동해 봅시다."

환경은 문제 탐색에 영향을 준다. 이럴 경우 지도자는 분위기를 밝게 하는 상상적인 방법들을 생각하도록 격려하며 집단 참여를 촉진 시킬 수 있다.

— 넓게 펴져 앉아 있는 경우

지도자 : "몸이 멀면 마음도 멀다는 말이 있듯이 너무 멀리 앉아 있기 때문에 집단활동으로 생기는 친근함이 잘 전해 지지 않겠네요. 여러분의 따스한 마음을 밝은 미소로 보여 주며 조용히 우리 자리를 다시 배열해 봅시다. 너무 멀거나 너무 가까이 앉지 말고 마주보며 바라볼 수 있는 적당한 거리를 유지해 보기로 해요."

물리적 또는 테이블에 의해 분리되었거나 멀리 떨어져 앉았다면 심리적 거리에 분열이 생길 수도 있다. 또한 너무 밀집되어 있으며 친밀감 형성에 강제성을 띠게 된다.

2) 좋은 분위기 조성하기

'분위기 조성(tone setting)은 집단의 환경과 태도에 있어서 결정적인 것이다' (Trotzer, 1989, p. 207). 분위기에 대하여 민감하지 못하면 집단상담의 결과가 좋게 마무리될 수 없다. 집단지도자의 말, 행동 그리고 지도자가 용인하는 상황이 분위기를 형성하게 된다. 만약 자기 주장성이 강한 지도자라면 공격적인 분위기를 만들 것이다. 집단원들은 저항과 긴장감을 형성할 것이다. 만약 지도자가 격려와 지지적 성향이 강하다면 집단의 분위기는 긍정적으로 형성될 것이다. 즉 분위기 조성의 책임은 지도자의 몫으로 능력과 기술이 필요하다. 다음 예는 지도자에 따라 어떻게 집단분위기가 다르게 형성되는가를 보여준다.

♣ 포인트

— 심각한 분위기

지도자 : "자, 오늘 회기를 시작합시다. 시작하기 전에 먼저 분위기를 해치는 모든 행동은 정리를 했으면 좋겠습니다. 그리고 이 시간부터 집단상담의 과정 중 방해를 하거나 장난을 치는 행위는 금지해 주십시오. 특히 선임으로 후임의 말을 짜르거나 윽박지르는 행위는 절대 해서는 안 됩니다(집단원들이 침묵으로 흐른다). 자, 그럼 다른 집단원들에게 자신을 소개하는 시간을 갖도록 합시다. 왼쪽에 있는 병사부터 말해봅시다."

— 사교적인 분위기

지도자 : "자, 오늘 회기를 시작합시다. 저는 여러분이 현재 군 생활에서 느끼는 점을 자유롭게 이야기하길 바라고 있습니다. 부대 생활에서 느끼고 있

는 문제들을 솔직하게 이야기함으로 서로 마음을 나눌 수 있는 기회가 되기 바랍니다. 여러분이 생각하고 있는 것이나 하고 싶은 말이 있으면 이야기해 보기로 해요."

— 지지적인 분위기

지도자 : "자, 오늘 회기를 시작 합시다 저는 오늘 이 과정을 통해 스스로 문제가 있다고 느끼지 않는다 하더라도 다른 사람들과 같은 걸 느낀다면. 집단의 목표에 도움이 될 것이고, 경청, 나눔 그리고 서로를 지지해 줌으로 군 조직과 개인에게 유익함을 얻을 수 있다고 생각합니다. 여러분이 각자 개인이 가지고 있는 문제들이 어려울 수 있다는 것을 인정합니다. 어려운 문제를 다루어 보기로 해요."

— 형식적인 분위기

지도자 : "저는 000입니다. 저는 군 상담학회 집단지도자로 오늘 여기에 왔습니다. 시작하기 전에 이 집단의 규칙에 대해 이야기하고자 합니다. 먼저, 여러분이 서로 같은 분대, 혹은 같은 중대 소대원으로 서로 잘 알고 있겠지만 여러분들이 자기소개를 했으면 합니다."

— 과제지향적 분위기

지도자 : "시작합시다. 우리에게 주어진 시간은 00 시간입니다. 우선 우리는 이 과제를 나눠서 받은 다음 과제를 중심으로 시작하겠습니다."

집단분위기는 집단을 운영하는 지도자가 어떤 관점에서 이끌어 가느냐에 따라 달라질 수 있다. 실패한 집단의 분위기는 '적대적', '지루함', '좌절', '호전적인', '천천히 움직이는' 그리고 '혼란스러운' 흐름의 지배를 받게 된다. 반면, 성공적인 집단의 분위기는 '온화', '진지하고 돌보는', '흥미진진한' 그리고 '힘이 넘치는' 강점들을 공유된다. 분위기조성의 또 다른 측면에서 지도자는 조명, 자리배치 그리고 벽장

식과 같은 것에도 관심을 기울여야 한다. 그러한 것들은 같은 장면에서 다른 분위기를 만들어낼 수 있다. 지도자가 분위기를 만든다는 것을 기억하라. 적절한 분위기 없이 최대한의 집단효과를 발휘하기는 어렵다(Ed E. Jacobs · Robert L. Masson · Riley L. Harvill ; 2003).

3) 신뢰감 쌓기

개인상담이나 집단상담 역시 신뢰감 형성이 중요하다. 신뢰로운 관계가 형성되지 않으면 집단의 상호작용은 피상적인 상황으로 놓이게 된다. 이런 상황에서는 자기 탐색이나 새로운 자기 성장을 위한 도전이 일어나지 않으며 숨겨진 감정으로 오히려 어려움을 겪게 된다. 특히 군 집단상담에서는 수용적이고 안전한 풍토가 제공되어야 한다. 이는 지도자의 능력에 달려 있는 기술로 이 집단이 자신을 드러내기에 안전한 곳임을 설명하고 신뢰를 방해하는 요인들에 대하여 이야기함으로 집단원들이 이런 분위기를 수용하게 조성해야 한다.

♣ 포인트

— 신뢰감 쌓기의 비자발적인 집단일 경우

지도자: "자 여러분 저는 지금 쓰레기통을 하나 가져왔습니다. 이것을 이곳 가운데 놓겠습니다. 나는 여러분 중 이 집단에 오기 싫은 병사들도 있을 것이라고 생각됩니다. 그래서 나는 지금 여러분의 모든 불만을 끄집어내서 그것을 방금 내가 가져온 이 쓰레기통에 넣고 뚜껑을 닫았으면 합니다. 지금부터 불평할 10분의 시간을 줄 것입니다. 10분 후 제가 중지라고 하면 이 쓰레기통을 닫고 우리 집단의 이름을 정하기로 하겠습니다. 자, 여러분의 마음의 불만을 10분 동안 옆 사람에게 이야기해 봅시다."

친해지기에는 이름 알기, 자신을 소개하기, 다른 사람 소개하기, 시간 제한하기 등 라운드(round) 와 2인 체계(Dyads) 또는 소규모 조별 집단으로 활용할 수도 있다.

— 신뢰감 쌓기와 규칙 정하기

지도자 : "저는 집단상담의 지도자로서 이 집단상담을 통해 여러분의 군 경험이 자신과 조직에 대한 긍정적 의미를 찾아내어 자신과 조직의 성장을 위해 좋은 기회가 되길 희망합니다. 그러기 위해서는 이 활동을 통해 여러분 스스로 마음속에서 원하는 기대를 탐색하고 목표를 정의하고 그 기대치를 향상시키기를 원합니다. 그러려면 지금 우리가 하고 있는 활동을 통해 마음들을 열고 자유롭게 이야기하는 기회가 되었으면 합니다.

그렇지만 우리는 '공적인 이미지' 를 유지하려는 경향으로 부대 내에서 받아들여질 수 있다고 생각하는 것만을 표현함으로 자신의 속 감정을 숨기게 됩니다. 이를 우리는 집단 구조의 불안이라고 할 수 있는데 '공적 이미지' 를 개인의 '사적 이미지' 로 전환하여 자신의 감정을 솔직하게 표현하는 것이 매우 중요합니다. 그러기 위해서는 우리 이 집단을 작은 소사회로 보고 규칙이 있어야 하는데 어떤 규칙들이 있어야 하는지 돌아가면서 이야기해 볼까요?"

지도자 : "지금 여러분이 나눈 이야기를 정리해 보면 다음과 같은 규칙들로 요약할 수 있는데 함께 나눠 보겠습니다. 첫째는 서로 비난하거나 제지해서는 안된다. 두 번째는 집단원 서로를 존중해 주어야 하고 강요나 압력이 있어서는 안된다. 세 번째는 비밀보장으로 이 활동에서 알게 된 어떤 내용도 이 장소를 떠난 후에는 재론하거나 부정성을 유발하는 다른 목적으로 사용해서는 안된다는 규칙을 정했습니다.

이 규칙들은 지켜져야 되며 활동 중 지켜 지지 않으면 제가 그런 상황을 직면시켜 드릴 것입니다.

이 집단이 진행되면서 다른 병사의 힘들고 아픈 이야기를 듣게 될 것입니다. 이럴 때 우리는 격려하고 위로해 주어야 합니다. 그러므로 집단 참가자들이 자신의 문제나 두려움을 표현하도록 자신감을 갖게 되고 자신 역시 불안하고 두려워서 표현하지 못한 이야기를 다른 전우를 통해 듣게 되므로 다른 후임이나 선임 역시 자신과 똑같은 두려움을 느끼고 있었다는 것을 공감하게 될 것입니다.
이런 공감이 전우애의 유대감을 만들게 되며 서로 신뢰하는 마음을 나눠게 됩니다. 우리는 우리가 양해한 규칙을 잘 지켜 가면서 서로를 알아 가도록 하겠습니다.
이 집단을 통해 바라는 기대를 이야기해 보기로 합시다. 누가 먼저 이야기할까요?"

규칙의 논의는 긍정적인 방법으로 이루어져야 한다. 시간 지키기와 타인을 공격해서는 안 된다는 등의 규칙은 지도자가 주도권을 가지고 정하므로 간단하게 논의할 수 있다. 그리고 집단원간에 이야기 된 정보의 비밀유지는 매우 중요하기 때문에 집단원 전체로부터 비밀을 지키겠다는 동의를 이끌어 내야 한다. 이렇게 함으로 불안과 두려움을 해소 하고 집단이 안전하고 믿을 수 있다고 생각할 때 집단의 응집력이 집단의 신뢰감을 더욱 강화시켜 준다.

4) 적극적 경청

경청은 이야기의 내용, 목소리 그리고 말하는 사람의 몸짓까지 포함한다(Corey & Corey, 1997). 적극적 경청이라는 것은 말하는 사람(話者)에게 귀를 기울이고, 언어적 표현과 비언어 표현들을 듣는 기술이다, 지도자는 이런 듣는 능력을 향상시킬 수 있는데 집단원들은 워드 프로세서(Ward Process) 내용에만 너무 열심히 초점을 두는 오류를 범한다. 특히 군의 특성상 간결 명료함을 지향하는 문화에서는 표현하는 방법에 대해서는 주의를 기울이지 않는다. 군 집단지도자는 집단상담을 통해 참가자들의 선임과 후임간의 언어적 표현과 비언어적 표현을 알 수 있는 상대방의 표정, 자세, 음정, 목소리, 높낮이, 몸가짐 등 많은 요소들을 알아차리는 인식단계가 민감해야 한다.

♣ 포인트

비언어적 단서들 (김계현, 2003)은 다음과 같다.

* 눈 : 시선, 눈깜박임, 눈물을 글썽임, 눈에 힘이 들어감.
* 몸의 자세 : 웅크림, 뒤로 젖힘 등
* 손발의 제스처 : 손발의 움직임, 주먹을 쥠, 뒤통수를 긁적임.
* 얼굴표정 : 미소, 미간을 찌푸림, 입술이 떨림,
* 목소리 : 톤의 고저, 강약, 유창성, 떨림 등
* 자율신경계에 의한 생리적 반응: 얼굴이 빨개짐, 창백해짐, 급한 호흡, 동공확대, 땀이 남.
* 기타 : 복장, 화장, 두발상태 등

상대방이 대화를 하는 과정에서 뺨이나 혹은 목 부분에 홍조를 띠면 그가 수치감 또는 당황을 경험하고 있다는 것을 스스로 노출하는 것이다. 집단상담자는 이러한 단서들을 민감하게 관찰하여 알아 차려야 한다.

경청의 확인과정 또한 중요하다 고개 끄덕임(nodding)은 상대방으로 하여금 집단지도자가 자신의 이야기를 잘 듣고 있다는 것을 느끼게 한다. 또한 단순 음성반응(Humming) "아, 예, 그랬군요, 응" 등을 함께 사용함으로 상대방은 '경청 받는 느낌, 이해받는 느낌, 공감 받는 느낌' 을 크게 받는다.

5) 구조화

구조화(structuring)란 상담의 효과를 최대한 높이기 위해 지도자가 시작단계에서 참여자들에게 집단상담의 목적과 집단상담자 및 집단원들의 역할 한계, 바람직한 태도, 책임 등을 시간적, 공간적인 제한 사항도 포함하여 인식 시켜주는 활동이다. 효과적인 집단을 운영하기 위한 지침, 상담시간 준수 등 구조화는 병사들로 하여금 자신들이 바람직하다고 여기는 새로운 행동을 학습하고, 군의 조직을 이해하며, 현재의 상황을 개선하고, 나아가 현재 경험들을 자신들의 미래 삶에 도움이 되는 가치부여의 목적까지 포함된 집단원들의 교육이기도 하다

♣ 포인트

지도자 : 나는 여러분과 집단상담을 통해 현재의 부대 생활의 의미를 찾아보고자 합니다. 환경을 바꿀수 없다고 하는 제한점을 가지고 있지만, 더 나은 군 생활을 하기 위해서는 어떤 의미와 관점이 필요한지 서로 의견을 나누고자 합니다. 계급의 다양성이 있지만 이번 집단상담을 통해 자유롭게 자기의 속마음을 열어놓는 기회가 되는 것도 유익하다고 생각합니다. 그러기 위해서는 다른 사람의 말을 비난하거나 제지하지 않고 경청해 줌으로 서로의 감정을 공유한다면 서로를 신뢰하는 좋은 분위기로 군 생활을 할 수 있을 것입니다. 그래서 다음과 같이 몇 가지의 규칙을 정하기로 합시다.
첫째, 남의 말 듣고 고개 끄덕여 주기.
둘째, 비난하거나 제지하지 않기.
셋째, 집단활동 시간 잘 시키기.
넷째, 목표 정하기 등….

6) 명료화 및 반영

명료화란 집단원들이 많은 것을 이야기함으로 혼란스럽고 넓게 부각된 문제들을 핵심화 하여 간략하게 함으로 자신의 감정을 선별할 수 있게 하는 것이다. 이를 통해 자신들이 겪고 있는 문제와 갈등을 유발시키는 감정들을 균형 있게 볼 수 있게 하여 집단원의 입장에서 보다 다른 관점의 자기탐색이 가능해지도록 하는 것이다.

반영이란 집단상담에서 이해한 내용과 이면에 숨어 있는 감정을 전달하는 것이다. 내용과 감정 반영하는 기술을 사용하는 것이 지도자에게 매우 중요하다.

♣ 포인트

— 감정의 명료화 및 반영

지도자 : "지금 이 집단에서 각자는 힘든 일이나 생각을 말하기를 꺼리고 있는 것 같습니다. 방금 이야기 한 김일병이 선임과의 갈등을 이야기하면서 목소리가 떨리고 있었는데도 아무도 반응이 없었습니다. 오히려 다른 선임이 화제를 다른 곳으로 돌림으로 김일병이 고민하는 내용에 대해 말하기를 꺼려하는 것 같은 느낌이 들었습니다. 이는 김일병의 문제를 같이 해결하기를 꺼리는 셈입니다. 제 생각에는 김일병이 더 자세히 이야기해 주는 것이 좋을 것 같습니다. 우리 김일병의 말을 더 들어 보도록 합시다."

— 행동적 자료의 명료화 및 반영

지도자 : "지금 여러분이 보이고 있는 행동은 각자 서로를 감싸고 돌아가는 모양입니다. 가령 김일병이 잘하려고 해도 자꾸 선임간에 갈등이 생겨 힘들다고 이야기를 했을 때 그 문제는 선임들의 문제가 아니라 김일병 자신에게 있는 문제처럼 말했고, 오히려 김일병이 더 노력하면 된다는 식으로 충고해 주는 것으로 느껴집니다. 선임은 잘하고 있기 때문에 김일병이 더 노력하면 된다고 이야기합니다. 김일병이 말하고 싶은 뜻을 이해하지 못하면서 더 열심히 노력하면 된다는 선임들의 이런 태도를 어떻게 해야 할까요?

— 인지적 자료의 명료화 및 반영

지도자 : "오늘 오전시간에도 다소 그랬지만, 오후인 지금도 다른 사람의 행동이나 감정을 서로 충고하고 지시하는 분위기가 되고 있습니다. 마치 부대의 분위기는 후임들이 하기 나름이라는 듯이 이야기하면서 왜 어렵다고 하는지 듣고 도와주려는 모습이 안 보이는 것 같습니다. 가령 너는 …라고, 후임으로써 …라고 말했는데, 김일병은 이런 선임들의 이런 설명들이 서로 마음을 열고 더 나은 부대생활을 하자는 데 도움이 된다고 생각합니까?

지도자가 명료화된 반영을 잘 전달하였다면 다른 집단원들은 이런 상황을 재진술할 수 있을 거라고 느낄 것이다. 지도자는 이와 같은 방법으로 자신의 반영을 덧붙일 수 있다.

지도자 : "여기 있는 다른 사람들도 김일병과 비슷한 감정을 가지는지 궁금하군요."

지도자가 반응에 주목할 때, 다른 병사들도 유사한 감정을 가지고 있다는 것을 깨닫도록 격려해 주었다는 것을 발견하게 될 것이다.

이를 바탕으로 좀 더 깊이 있는 토론으로 이끌어 가면 집단상담의 효과를 높일 수 있는데는 '초보 집단지도자들은 그들의 상호작용 반응의 대부분을 단순한 반영으로 스스로 제한하는 것을 발견한다' Corey와 Corey(1997)(p.21)

7) 긍정적 피드백

지도자는 집단원들을 쉽게 도울 수 있는 지지와 격려를 제공해 주어야 한다(Dyer & Vriend, 1980). 집단지도자는 긍정적인 피드백을 제공함으로써 집단원들이 동일한 행동을 할 수 있도록 가르치고 격려하게 된다(Egan, 1998). 즉 지지와 격려는 집단원들이 놓인 상황에서 느끼게 되는 두려움이나 불안을 집단원들과 나누는 것을 돕는 중요한 기술로 집단원들은 다른 집단원들로 부터 '틀렸다' 또는, '어리석다' 라고 말을 듣는 것을 두려워한다. 활동 중 약간의 불편함이 있을 수 있다는 것을 서로 이해하는 것도 집단원들의 불안을 감소시키는 데 도움이 된다. 지도자의 격려와 지지는 집단원들의 '두려운' 감정을 극복하는 데 도움이 되며 다른 방법으로는 다룰 수 없는 위기를 다루는 데 효과적이다. 긍정적인 피드백은 집단원들로 하여금 집단 내에서 긍정적인 변화를 유발하는 데 매우 강력한 촉매역할을 하게된다.

♣ 포인트

박이병 : "전 친구 사귀는 것이 정말 힘들어요. 모르는 사람들에게 어떻게 접근해서 말해야 하는 지를 잘 모르겠어요."

지도자 : "잘 모르는 사람들에게 말을 거는 것이 얼마나 어려운 일인지를 우리는 다 이해할 수 있어요. 그렇지만 박이병이 이 집단활동에 참여해서는 여기 있는 모든 병사들과 이야기를 하는 모습을 보았는데…자연스럽게 다른 사람들과 대화를 해 가면 친구 사귀는 데 도움이 될거로 생각하는데 박이병의 생각은 어떤지 말해 볼래요?"

또 다른 예는

김이병 : "저는 운동이라면 아주 꽝이에요. 공을 잘 차지 못하거든요."

박이병 : "그렇지만 김이병은 빨리 달릴 수가 있잖아?"

지도자 : "박이병은 김이병의 장점을 말해 줌으로써 박이병에게 도움을 주려는 것처럼 들리는군요."

위의 경우는 지도자가 긍정적인 피드백을 제공하고, 또한 그 상황을 다른 집단원에게 긍정적인 피드백으로 제공하는 데 효과적이다. 다른 집단원들의 지지와 격려 대신 비판이나 판단은 집단에 부작용으로 작용 될 수 있다는 메시지를 전한다.

지도자 : "박이병은 자신이 가진 문제를 우리에게 이야기하기 시작했습니다. 그러면서도 박이병은 우리와 함께 그런 이야기를 하는 것에 대해 약간 두려워하는 것 같군요. 우리 집단에서는 박이병의 이야기를 비판 없이 듣는다는 것을 박이병이 알았으면 합니다. 우리는 박이병을 포함하여 다른 집단원들을 비판하지 않아요. 우리는 서로를 돕고 지지하려고 해요."

8) 모델링과 자기노출

Corey(1992)는 "원하는 행동을 가르치는 가장 좋은 방법 중의 하나는 집단에서 그러한 행동의 모델을 보여주는 것" 이다. 집단원들의 생각과 감정을 공유하는데 효과적이다. 만약 집단의 목표가 보다 개인적인 것을 나누기를 요구한다면, 자기노출을 어떻게 해야 하고, 위기와 자신을 어떻게 다룰 수 있는지를 설명하는데 사용할 수도 있다. 지도자가 자기노출을 통해 지도자 역시 다른 사람들이 겪는 문제들을 겪게 되었지만 현재는 그 상황을 잘 극복하였고, 그 극복한 과정을 공개함으로 현재 집단활동에서 부각되는 문제들을 공유하며 집단원으로 하여금 현재 겪고 있는 어려움을 극복하는데 도움을 주는데 효과적으로 작용하는 효과를 얻게 된다.

♣ 포인트

지도자 : "저는 우리 집단 활동에서 현재, 부대 생활에서 자신에게 가장 의미있게 영향을 끼친 사람에 대해 생각할 기회를 드렸습니다. 함께 이야기해봅시다. 제가 먼저 얘기해 보겠습니다. 저는 제 가정에 대한 이야기를 하려고 합니다. 나에게는 아들이 하나 있는데 자기주장이 강한 친구입니다. 자기가 판단하고 옳다고 생각하면 행동으로 옮기는데 결과가 신통치 않을 때

아들과의 갈등이 느껴지곤 합니다. 어느 날 저는 아들이 결과로 인해 많이 후회할 때 위로해 주면서 말을 했습니다. 나이는 자랑일 수는 없지만 연륜이란 경험에 의해 축적된 지혜가 있을 수도 있으니 아버지의 의견을 존중해서 아버지나 어머니가 이야기할 때는 우선권으로 먼저 검토해 주었으면 한다고 이야기를 하였습니다. 그때 아들은 꾸중이나 비난보다 상황에 따른 감정을 나눌 수 있는 기회가 되었다고 하면서 그 후에, 어떤 결정이든 부모의 말을 우선으로 수용하는 등 관계가 매우 좋아졌습니다. 이와 마찬가지로 군에서 선임의 충고는 경험을 먼저 한 입장에서 이야기해 주는 과정의 길잡이라고 생각하면 수용하기가 더 좋을 것 같은데, 이런 경험이 있는 분들이 의견을 나누었으면 합니다."

지도자가 겪은 경험을 노출하여 나눔의 깊이를 공유할 수 있으며 자기노출은 과거, 현재와 집단이나 다른 집단원들에 대한 현재의 감정을 표현하게 하는 데 사용할 수 있다.

자기노출 에 대한 두 가지 예를 살펴본다(Ed E. Jacobs, Robert L. Masson, Riley L. Harvill , 김춘경역 ; 2003).

지도자 : "저는 최근에 저의 배우자와 어떤 인간관계를 맺어야 하는가로 고민하고 있어요. 그녀는 많은 사람들과 시간을 보내는 것을 좋아하는 반면, 저는 가끔 한두 사람들과 진지한 관계를 원합니다. 저는 이것이 부부가 다루어야 할 많은 관심사 중의 하나라고 생각해요. 인간관계에 대한 관심사나 다른 관심사를 가진 분 없습니까?"

지도자 : "저는 오늘 밤 집단에 대해서 제가 어떻게 느끼고 있는가를 나누고 싶어요. 저는 병사들이 자신의 감정을 억제하고 있다고 느낍니다. 그 이유는 확실치 않아요? 다르게 느끼신 분 없으세요?"

지도자의 자기노출을 꼭 해야 할 필요는 없다. 자기노출이 반드시 지도자가 집단의 초점이 되게 하는 것은 아니기 때문이다.

9) 질문

질문은 집단원들이 자신들의 진술을 명료하게 한다. 이를 통해 집단 전체나 말하는 사람에게도 도움이 되지만, 많은 질문은 말하는 집단원을 혼란스럽게 하거나 위축시키기도 한다. 질문은 간단하고 개방적 질문이 바람직하다.

개방적 질문이란 응답이 열려 있는 질문이고, 폐쇄적 질문은 "예" 혹은 "아니오"의 응답을 요구하는 질문이다. 전자는 내담자의 관점, 의견, 사고, 감정까지 끌어내어 촉진관계를 형성하지만, 후자는 명백한 사실만을 요구하여 진행이 정지되기 쉽다.

또한 질문 기법 속에는 ① 집단원 자신에 관한 것, ② 다른 사람에 관한 것, ③ 집단지도자에 관한 것, ④ 기타 알고 싶은 정보에 관한 것 등이 있다.

집단원의 질문에 대하여 다 답할 필요는 없지만 존중하고 수용적인 모습으로 다루어야 한다. 존중되고 있지 않다고 생각되면 관계의 신뢰가 깨질 우려가 있다. 그렇기 때문에 표면적인 질문에 대한 내용보다는 질문의 숨겨진 의도에 항상 염두에 두어야 한다. 그러나 그 의도를 활동 중에 직접 확인하는 것은 바람직하지 못한 경우도 있다.

♣ 포인트

— 폐쇄적 질문

지도자 : "지난주에 기분 나쁜 일이 있었나요?"

— 개방적 질문

지도자 : "지난주에 무슨 일이 있었나요?"

구체적이지 않은 질문

— 폐쇄적 질문

지도자 : "김일병은 겁이 많은가요?"

— 구체적이고 개방적 질문

지도자 : "김일병은 모르는 사람이 접근하면 어떻게 느껴지나요?"

'왜' 라는 말을 사용할 때 유의할 점은 집단원들의 정보를 구하거나, 행동의 원인을 탐색하기 위해 하는 말이라 할지라도 집단원에게는 자신이 잘못했다고 비난하는 말로 받아들일 경우도 있기 때문에 간접 질문형태가 바람직하다. 간접 질문은 물음표가 없으나 위협을 주지 않고 답변을 요구하게 된다.

"궁금하구나", "알고 싶구나" 혹은 "듣고 싶은데" 와 같은 끝말을 사용한다면 간접질문이 될 수 있다.

— 비효과적 직접질문

지도자 : "김일병은 왜 그 일에 대해 선임인 김병장님에게 말하지 않았나요?"

— 효과적인 간접질문

지도자 : "김일병은 왜 그 일 대해 선임인 김병장님에게 말하지 않았는지 특별한 이유라도 있는지 궁금한데 이야기해 줄래요."

질문 중 이중 질문을 하면, 집단원들은 어느 질문에 답해야 할지 혼란스러워 하게 되며 집단지도자 역시 어느 질문에 대한 답을 해야 할지 망설이게 된다..

— 비효과적인 이중질문

지도자 : "김병장은 후임인 박상병에게 어떻게 했고, 오상병에게는 어떻게 했나요?"

— 효과적인 단일질문

지도자 : "김병장은 박상병의 화난 모습을 보고 어떤 생각이 떠올랐나요?"

— 효과적인 개방형 질문

박일병 : "저는 부대 분위기를 위한 나의 제안이 받아들여 질 것이라고 생각하지 않았어요."

지도자 : "박일병이 말하는 제안들이 받아들여지지 않을 것이라고 하는데 왜 그렇다고 생각하는지 좀 더 이야기해 줄 수 있나요?"

— 효과적인 명료화 질문

오일병 : "나는 지금 나 자신에게 가끔씩 화가 납니다. 내 여자 친구가 헤어지자고 할 때 사실은 받아들이고 싶지 않았습니다. 전화로 그 말을 듣는 순간 화도 나고 자존심 때문에 네 맘대로 하라고 했습니다. 3년이나 사귀었는데 헤어지자고 하니 쿨하게 헤어져 주는 것이 남자답다고 생각해서 말을 했지만, 실은 너무 마음이 허전한 것이 견딜 수가 없습니다. 군에 오기 전 제 여자 친구를 친한 친구에게 잘 보살펴 달라고 했는데, 그 녀석이 살펴준 것도 아니것 같아 그 녀석도 원망스럽고 저는 여자 친구의 말을 좀 더 들어봐야 했는데 이렇게 끝나는 것이 괜찮은 것이지… 지금 후회가 됩니다."

지도자 : "오일병은 많은 이야기를 했어요. 나는 지금 오일병이 어떻게 느끼는지 명확하게 알고 싶습니다. 내가 잘못 말하고 있으면 이야기 해주었으면 합니다. 그러니까 오일병은 여자 친구의 마음을 더 알고 싶다는 뜻 인가요?"

10) 여기 - 지금 상호작용

'여기 - 지금' 상호작용의 중요성은 집단상담을 통해 해결하고자 하는 문제나 걱정거리를 현재 상황에서 조망 내지 해결 한다는 의미이다. '거기 - 그때' 과거에 일어났던 사건은 집단의 역동성을 가로막게 되는 경향이 있다. 집단의 상호작용에 대해 저항감을 가지고 있는 집단원이나 자기 주장성이 강한 집단원은 과거에 일어난 사건에 대해 길고 장황하게 늘어놓는 경향이 있다. '여기 - 지금' 현재 집단장면에서 일어나고 있는 상황에 초점이 맞추어 주어야 효과적이다. 물론 집단지도자는 집단에서 집단원들의 생애사의 정보를 알 수 있으나 현재와 관련지을 때만 의미가 있다. '여기 - 지금' 의 상호작용을 촉진하는 예를 들면 다음과 같다.

♣ 포인트

김일병 : "전 시간에 맞추어 기상해야 한다는 것이 힘들어요. 사회에서도 등교 시간이 늦어 가끔은 지각을 했는데, 지금 군 생활에서 일찍 기상한다는 것이 너무 힘들어요."

지도자 : "김일병이 지금 말하는 것은 군 생활에서 시간에 맞추어 일어나는 것이 힘들다는 의미로 느껴지네요. 이로 인해 현재 군 생활에서 어떤 영향을 받고 있는지 말해 줄 수 있나요?"

집단지도자는 집단원이 말한 내용을 명료화하였지만 핵심은 부대 생활인 현재 '여기에서' 기상할 때의 어려움으로 지금 해결되어야 할 문제를 다루고 있다.

11) 맺어주기

연결(Linking)이란 개인상담에서는 사용되지 않는 것으로 역동적 상호 작용을 위해 사람들을 연결하는 과정으로 관계를 촉진시킨다. '함께 묶기' 라고도 부르기도 하는데 집단지도자가 집단활동 중에 유용하게 사용할 수 있는 기술이다. 집단원들의 사고와 행동의 유사점과 차이점들을 공유하고 집단원 진술 내용과 감정을 연결함으로써 감추어진 의미를 발견하게 한다. 연결은 집단원들 간의 상호작용과 응집력을 높이는 데 매우 효과적인 기법이다. 연결의 예는 다음과 같다.

♣ 포인트

김상병 : "내가 보기에는 이일병이 어리바리하게 행동하는 것이 적응을 못 해서 힘들어하는 것으로 보입니다. 그 마음에는 좀 더 잘 적응해 보고 싶은 마음도 있는 것 같습니다."

지도자 : "그렇군요. 내가 생각할 때 이일병에 대하여 김상병이 말한 것처럼 부대생활에서 인정받기를 원한다는 말로 이해가 되는데 이 일병의 생각은 어떤가요?"

이일병 : "그러고 보니 제가 서투르게 행동하는 것이 적응을 잘 못해 어려움을 겪고 있다고 생각했는데, 실은 김상병님이 이야기해 주신 것처럼 부대 생활에서 인정받고 싶은 마음 때문에 서두르다 보니 그런 것 같습니다."

지도자 : "자, 그럼 우리가 이일병이 잘 적응할 수 있게 도울 수 있는 방법들이 무엇이 있는지 이야기 해 보기로 해요. 지금 우리가 이야기 하고 있는 동안 고개를 끄덕이며 공감하고 있는 표정을 지은 장일병은 이일병의 말을 어떻게 생각하나요?"

지도자는 한 사람이 이야기하는 것이 집단 내 다른 사람들에게 적용될 수 있는가 하는 것에 대해 항상 민감해야 한다. 맺어주기 기술은 집단전체에 이용되어야 하는 것으로 특히 첫 두 회기 또는 세 회기 동안에 유용하다.

12) 나 - 전달법

집단상담에서의 나-전달법은 말하는 사람이 상대방에게 '나' 를 주어로 사용하여 메시지를 보내는 것이다. '너' 나 '당신' 으로 시작되는 말은 보통 상대방을 비난하거나, 공격하거나, 탓하는 데 자주 사용되는 어법이다.

♣ 포인트

(너) 김일병 조용히 해!(장난하지 마라!)

(너는) 맨날 동기를 괴롭히냐?(심하게 굴지 마라!)

(넌) 잘난 척 좀 그만해!(교만하게 굴지 마라!)

(넌) 약속도 못 지키니?(약속 좀 지켜라!) 등은 모두 너 - 전달법에 속한다.

대화에서 '너 - 전달법' 은 (상대방을 신뢰하고) 존중하는 태도가 아니고, 일방적으로 지시하거나 원망하는 어조로 표현한다. 따라서 상대방은 자기를 방어하거나 비협조적으로 대응하게 된다. 군의 집단상담에서 유의해야 할 점은 선임이 후임에게 쓰는 언어 가운데 '너 - 전달법(You - Massage)' 을 '나 - 전달법(I - Massage)' 으로 표현방식을 바꾸기만 해도 부대 내의 감정적 오해를 줄일 수 있다. 군의 명령, 지시 등 간단 명료한 '너 - 전달법' 이 효과적이지만 부대내 상호 신뢰감, 소속감, 전우애 등을 향상 시키기위해서는 '나 - 전달법' 이 효과적이다.

'나 - 전달법' 은 다른 병사의 말이나 행동이 말하는 병사에게 어떤 영향을 주었는가를 알리는 것이다. '나 - 전달법' 은 자신의 감정이나 생각을 솔직하게 표현하여, 상대방에게 알려줌으로 상대방을 통제하거나 원망하거나 공격할 마음이 없이 상대방의 이해와 협조를 구하는 행동이다. 부정적이든 긍정적이든 자신의 생각과 감정을 진솔하게 표현하여 자기를 주장하면서도 타인에게 피해를 주지 않는 의사소통방법으로 집단상담을 통해 연습함으로 군 문화에 긍정적 효과를 줄 것이다.

김상병 : "박이병 넌 항상 느려 터지기만 한데 좀 행동을 신속하게 하였으면 해!"

지도자 : "박이병은 김상병이 느려 터진다는 표현을 쓴 것에 대하여 "솔직하게 어떤 기분이 든다."는 말로 시작해서 김상병에게 나 - 전달법을 써서 직접적으로 말을 할 수 있나요?"

박이병 : 무슨 말씀인지 잘 모르겠는데요."

지도자 : "그래요? 그럼 이렇게 표현해 보면 어떨까요? '김상병님, 저는 김상병님이제 행동에 대해 느려 터진다는 표현을 쓰실 때 잘하려는 제 마음을 알아주시지 않는 것 같아 불편하고 속이 상합니다.' 라고 이런 식으로 자신의 감정을 표현해 보라는 말입니다."

'나 - 전달법' 은 또한 다른 집단원이 질문공세를 할 때 사용하면 유익하다. 예를 들면 다음과 같다.

김일병 : "박이병, 넌 왜 항상 말도 안 하고 혼자 앉아 있기만 하냐?"

지도자 : "김일병은 방금 박이병에게 말한 내용을 다시 한 번 말해 보면 어떨까요? '나' 를 주어로 해서 박이병의 행동이 김일병에게 어떤 생각과 느낌이 들게 하는지 이야기를 해 주면 어떨까요?"

감일병 : "나는 박이병이 말도 안 하고 가만히 있는 것을 보면 어느 때는 짜증이 납니다. 솔직히 박이병 자신이 가지고 있는 문제를 이야기해 주면 부대 생활을 하는데 도움도 줄 수 있고 부대 분위기에도 도움이 될 것이라고 생각합니다. 지금 박이병은 어떻게 생각하는지 말해 주었으면 합니다."

집단상담에서는 비판적인 '너 - 전달법' 보다는 '나 - 전달법' 을 통해서 집단원들의 감정을 잘 표현할 수 있도록 도와야 한다. 이러한 방법은 감정을 말로 표현하도록 격려할 수 있을 뿐만 아니라, 집단원들의 부정적인 직면 상황을 사전에 막을 수 있는 이중 효과도 얻을 수 있다.

13) 초점유지

초점유지는 주의 집중으로 지도자의 도움 없이는 지속되기 어렵기 때문에 집단원들이 초점에 맞추어졌다면 유지하는 방법이 중요하다. 현재 군부대의 적응 문제로 집단원들이 이야기하고 있는데, 한 고참 선임병이 새로 부임한 부대장의 이야기를 한다면 지도자는 초점을 부대의 적응 문제로 다시 향하게 함으로 초점을 유지할 수 있다.

♣ 포인트

지도자: "잠깐 제가 이야기할께요. 우리는 지금 부대 적응 문제를 활발히 이야기하고 있었는데 김하사가 새로 부임하신 부대장님에 대하서 이야기를 하는군요. 우리가 좀 더 심도 있게 이야기하기 위해 계속 부대 적응문제를 이야기해 봅시다. 박일병은 더 이야기할 것이 있는 것 같습니다. 그래서 박일병의 이야기를 더 들었으면 합니다. 자, 박일병이 더 이야기를 해 볼까요?"

14) 집단원의 생각 자극하기

집단 지도자는 집단원들의 생각을 자극할 준비를 해야 한다. 군 집단상담에는 자유로운 활동을 하자고 하면서도, 계급에 대한 영향을 받기 때문에 활동과 토론을 격려하고 촉진하는 전반적인 질문들이나 의견들을 사용할 수 있다.

♣ 포인트

지도자 : "여러분 모두 생각이 많은 것처럼 보입니다. 여러분들이 생각하고 있는 한 두 가지를 말해 줄 수 있나요?"

지도자 : "김 일병이 말하고 있는 감정들은 아주 평범한 것인데, 다른 병사들은 이러한 감정들을 표현하지 않네요. 잠시 후에 여러분들에게 차례가 돌아오겠지

만, 먼저 이와 같은 비슷한 감정을 갖고 있는지 여러분이 말해 볼까요?"

지도자 : "이 이병의 고충을 들으면서 저는 우리 집단원이 자신의 진실된 감정들을 숨기고 있다고 느꼈습니다. 이 집단이 실제로 도움이 되기 위해서, 저는 여러분들이 실제로 느끼는 바를 함께 나누기를 원합니다. (잠시 쉬고) 이 이병의 이야기에 대하여 이야기 해 보도록 합시다!"

15) 진 단

진단(diagnosis)은 집단상담에서 행동을 분류하고 증상을 확인하며, 집단원이 어떤 범주에 속하는지 파악하는 것 이상을 의미한다(Ed E. Jacobs · Robert L Masson · Riley L. Harvill ; 김춘경역, 2003). 진단은 집단원들이 생각하는 집단가치에 대해 이야기나 의견나누기를 통해 현 활동이나 회기에 대한 증상, 범주, 영향력을 알게되므로 집단의 효과성을 증대시킬 수 있다.

♣ 포인트

지도자 : "자, 20분 동안 우리는 지금까지 해 본 활동이 집단원들에게 얼마나 도움이 되는지에 대해 이야기하고자 합니다."

지도자 : "자, 지금부터 이 집단이 우리에게 얼마나 도움이 되는지 이야기해 봅시다. 유익한 점은 무엇인지, 어떤 점이 마음에 드는지? 어떻게 하면 더 유익한 방향으로 갈 수 있는지 의견을 나누어 봅시다!"

이 과정은 글로 써서 발표를 하는 방법도 있는데 토의를 더 포괄적으로 발전시킬 수 있다.

16) 종결

각 회기에 따라 종결은 달라질 수 있다. 결국 집단상담은 종결의 단계를 거쳐 마치게 된다. 종결을 앞두고 종결의 주된 개념을 알려 주어야 한다. 종결단계를 통해 집단원들의 생각과 감정을 나눌수 있게 격려하고, 회기동안 말이 없던 집단원의 이야기를 듣는 것도 유익하다.

♣ 포인트

지도자 : "자, 이제 마쳐야할 시간이 되었습니다. 이번 과정에 대해 어떻게 생각하나요? 부대 생활에 어떤 의미를 주었나요?"

지도자 : "회기시간이 얼마 남지 않았습니다. 이번 활동의 과정을 돌아보면서 서로 효과적인 점과 아쉬웠던 점을 나누어 보기로 합시다."

종결과정에서 꼭 다루어야 할 사항은 중요한 점은 꼭 요약하고 강조해 주어야 한다. 또한 집단원들에게 도움이 되었던 것이 무엇인지 돌이켜 보게 하고 미해결된 점도 찾아보게 한다.

지도자 : "마치기 전 몇 분 동안 우리가 처음 목표를 정하고 활동을 해온 과정을 생각해 보고 지금껏 집단에 대해 느낀 점, 여러분에게 도움이 되었다고 생각하는 점, 여러분들이 논의하고 싶은 다른 주제들이나 문제들에 대해 이야기를 나누는 시간을 갖도록 합시다. 이를 위해 두 분씩 짝을 지어 2분동안 서로 이야기를 나누고 다시 집단으로 돌아와 함께 이야기 한 내용을 나누면 좋겠어요."

지도자는 집단원들이 이인 체계로 이야기를 나누게 하고 이야기를 마치고 난 후, 집단을 다시 모아 집단에 관한 생각들을 나누게 한다.

2. 심화영역

집단을 지도하다 보면 집단지도자는 어려운 여러 상황을 만나게 된다(Ed E. Jacobs · Robert L. Masson · Riley L. Harvill ; 김춘경역, 2003). 이런 상황에 직면했을 때 집단 지도자는 이를 잘 극복하고 잘 다룰 수 있다면 그 집단의 결과는 효과적일 것이다. 그러나 이때 지도자가 실수로 매끄럽지 못하게 처리된다면 집단이 마쳐질 때까지 그 영향력을 받게 된다.

1) 활동 중 규칙을 직면시키기

군 집단활동 중 흔히 목격되는 장면 중 하나는 선임으로써 후임에게 강요나 압력을 행사하는 미묘한 힘이다. 이로 인해 집단의 분위기나 활동이 원활한 것 같으면서도 미묘한 영향을 주게되면, 이런 장면을 집단지도자가 인지하고 자연적인 분위기로 만들어 주어야 한다.

오병장 : "나는 김일병의 이야기를 듣고 싶습니다. 김일병은 이 문제에 대해 아무런 이야기도 하지 않았는데 난 그런 점이 못마땅합니다."

김이병 : "…(침묵하고 있다)"

지도자 : "잠깐 제가 이야기를 좀 해야겠습니다. 우리들 가운데는 직접 그 병사에게 의견을 듣고 싶은 사람도 있을 것입니다. 그러나 우리의 집단의 규칙에는 누구에게도 말하도록 강요해서는 안 된다는 것입니다. 지금처럼 직접적으로 김일병에게 말하라고 해서 그를 곤란하게 하기보다는 다른 사람은 어떻게 생각하고 있는지에 대해 궁금하다고 말하면 좋지 않을까 생각합니다. 이 규칙은 모든 사람이 공격 당하거나 자신이 지적되었다는 것

을 불안해하지 않기를 바라는 마음에서 우리가 정한 규칙이기 때문에 누구나 지켜야 된다고 봅니다. 여기에 의견이 있습니까?(잠시 기다린 후) 그럼 이야기하고 있던 문제로 돌아가 이야기해 봅시다."

특히 군 계급상 선임으로부터 압력이나 다름없는 강요는 흔히 발생할 수 있는 상황이다. 이럴 때 위의 내용처럼 김병장에게 향한 관심을 규칙으로 돌리고 원래의 이야기 하던 주제로 돌림으로 김병장에게도 불편함을 주지 않고 집단원들에게는 그 규칙을 지켜야 함을 직면시켜야 한다.

박이병 : (눈치를 보며)"나는 이 집단에 있기가 불편합니다. 내가 이야기하면 바보 같이 보일 것 같아 두렵습니다."

지도자 : "집단 활동을 하면서 두려워하는 것은 누구나 하는 생각이지요. 다른 병사들도 그런 두려움은 다 있을 거라고 생각합니다."
(병사 중에 고개를 끄덕인다)

김일병 : "나 역시 내 이야기를 하면 공격 받을까봐 두려운 생각이 듭니다."

지도자 : "잠깐, 제 이야기를 들어 주면 좋겠습니다. 우리는 누구도 다른 집단원을 공격해서는 안 된다고 규칙을 정했고 그 약속을 지켜오고 있습니다. 우리는 이 집단 과정을 통해 더 나은 부대 생활과 개인의 성장을 위해 활동하는 것이지 다른 사람을 공격하기 위해 이 과정을 운영하는 것은 아닙니다."

박일병 : "그럼, 저는 오랜 시간 동안 모른 척하고 숨겨온 박이병의 고민에 대해 이야기를 하려고 합니다."

지도자 : "잠깐, 박일병이 이야기하기 전에 먼저 우리의 규칙을 생각해 보길 원합니다. 우리는 비밀유지에 대해 약속을 했습니다. 지금 박일병은 오이병의 숨겨진 이야기를 하려 하기 때문에 그 규칙을 다시 한번 강조 하고 싶습니다. 집단에는 신뢰감이 있어야 하기 때문에 비밀유지는 꼭 지켜져야 합니다. 모두 그렇게 생각하나요? 여러분들은 동의 하나요?"

김이병 : "예."

최상병 : "예."

지도자 : "좋아요. 박일병이 아까 이야기하려던 것을 이야기해봅시다. 바보같이 보일 것 같다고 했는데 최근에 그런 느낌이 들었던 일이 있었나요?"

규칙에 대하여서는 짧은 시간에 간단히 직면시키면 된다. 간혹 규칙에 대해 논쟁하려는 병사가 있다면 지도자는 차분하게 왜 그것이 집단에 운영에 중요한 것인지 설명해 주어야 한다.

2) 시간 제한하기와 자기 표현하기

집단을 효율성 있게 운영하기 위해서는 시간을 어떻게 할당하여 쓰는지 하는것도 중요하다. 특히 군 집단상황에서는 선임들이나 지휘관이 참여하여 이야기를 하게 될 경우, 자세하게 설명하게 전하기 위해 시간을 초과하는 경우가 있는데 이럴 때 다른 집단원들은 지루함을 느끼게 된다.

♣ 포인트

지도자 : "자, 시간을 지키는 미덕을 보여 주시기 바랍니다. 지금부터 3분 안에 자신이 중요하다고 생각하는 것들을 돌아가면서 이야기해 보도록 합시다. 자신의 과거에 대한 내용을 공유하거나 현재 군 부대 생활에 초점을 군 것 혹은 미래의 부대 생활을 잘하기 위한 방안도 말 해보도록 합시다."

집단원들이 이야기가 끝난 후 말하면서 자신이 느낀 점은 무엇인지 함께 나눔으로 집단원들에게 자기를 표현 할 수 있는 기회를 제공하는 것도 유익하다.

3) 집단원 제지하기

집단원을 제지하는 것은 집단을 지도하는 데 매우 중요한 기술이다(Ed E. Jacobs · Robert L. Masson · Riley L. Harvill ; 김춘경역, 2003). 군의 특성상 선임이 후임을 지배하거나 공격하게 될 때, 그것을 제지하지 못하면 다른 집단원은 당황하거나 위협을 받는다고 느끼게 된다. 지도자는 그런 집단원을 제지할 수 있는 기술을 갖추어야 한다. 회기 동안 집단의 방향이나 규칙 등에 벗어날 때는 집단원의 이야기에 끼어 들 것이라고 말해야 한다.

♣ 포인트

지도자 : "나는 집단 활동 중 여러분이 주제나 규칙에 벗어났다고 생각되거나 다른 사람이 이야기하고 싶어 할 때, 여러분의 이야기에 끼어들게 될 것입니다. 제가 집단에서 할 일이 두 가지가 있는데, 하나는 우리가 집단의 목표를 맞추는 것이고 또 하나는 한 사람도 빠짐없이 모든 병사들이 이야기할 기회를 갖도록 하는 것입니다."

집단원을 제지하기 기술 중에는 중단시키기(cutting off) 가 가장 어려운 이유는 지도자가 집단원의 감정을 상하게 하거나 화나게 하는 두려움이 있기 때문이다. 이 기술은 방해하기(blocking;Trotzer, 1989) 개입하기(intervening;Dyer & Vriend, 1980)와 같은 맥락으로 이해되듯이 다른 집단원들을 보호하고, 집단을 더 나은 방향으로 나아가게 하기 위해서 규칙에 벗어난 집단원을 저지시켜야 할 경우가 있다.

4) 집단원의 생각 자극하기

집단 지도자는 때로는 집단원들의 생각을 자극할 필요가 있다. 군 집단상담에는 자유로운 활동을 통해 내면의 이야기를 표현하기로 규칙을 정했으면서도, 계급에 대한 영향을 받기 때문에 활동과 토론이 위축될 경우가 있다. 이때 집단원들의 생각을 자극함으로 격려하고 촉진하는 전반적인 질문들이나 의견들을 사용할 수 있다.

♣ 포인트

지도자 : "여러분, 모두 생각이 많은 것처럼 보입니다. 말을 하지 않고 눈치만 보고 있는데 여러분들이 생각하고 있는 느낌이나 생각을 한, 두 가지를 말해 줄 수 있나요?"

지도자 : " 김 일병이 말하고 있는 감정들은 아주 특이한 것인데, 다른 병사들은 이러한 감정들을 반응하지 않네요. 잠시 후에 여러분들이 차례로 돌아가면서 이야기해 봅시다. 먼저 이와 같은 비슷한 감정을 갖고 있는지 여러분이 말해 볼까요?"

지도자 : "김 이병의 고충을 들으면서 저는 우리 집단원이 자신의 진실된 감정들을 숨기고 있다고 느꼈습니다. 이 집단이 도움이 되기 위해서, 저는 여러분들이 실제로 느끼는 바를 함께 나누기를 원합니다. (잠시 쉬고) 김 이병의 이야기에 대하여 이야기해 보도록 합시다!"

5) 저항 다루기

저항은 집단 장면에서 흔히 부딪치게 되는 상황 중 하나로 자신의 감정을 다른 집단원들과 공유하지 않거나 자신을 드러내는 것을 유보할 때 유용하다(Gerald Corey ; 조현춘외 2005). 즉 저항은 마음이 내키지 않는다는 의미를 포함하고 있다(Ed E.

Jacobs · Robert L. Masson · Riley L. Harvill ; 김춘경역, 2003). 일반적으로 저항하는 집단원은 네 가지 예이다.

1. 왜 자신이 회기에 참여해야 하는지를 모른다고 말하는 집단원
2. 강요하지 않으면 거의 참여하지 않고, 가능한 적게 말하는 집단원
3. 항상 영화, 스포츠, 또는 분명하지 않은 주제에 초점을 맞추려고 노력하는 집단원
4. 집단에 저항할 뿐만 아니라 자신에 대한 어떤 변화에 대해서도 저항하는 집단원

이런 저항을 만났을 때 무시하면 집단은 수렁에 빠질 위험이 있다. 집단 지도자는 저항으로 인식된, 마음 내키지 않은 점을 말 해도 좋은 안전한 환경으로 이끌며 '그 마음 내키지 않는 점' 을 표현하도록 해야 한다.

♣ 포인트

최상병 : "나는 이곳에서 별로 할 말이 없어 말하고 싶지 않아요"

지도자 : "이곳에서 말하고 싶지 않은 의미가 무엇인지 좀 설명해 줄 수 있나요?"

최상병 : "그냥 말해봐도 별 도움이 안될 것 같으니까요?"

지도자 : "그 말은 도움이 필요하다는 뜻으로 이해해도 될 것 같은데 그 도움이 안 된다고 생각하고 있는 마음을 솔직하게 말할 수 있나요?"

최상병 : "……."

지도자 : "솔직히 우리 집단은 말하고 싶지 않은 이유나 참여하기 싫은 이유조차 자유롭게 말할 수 있는 것이 이 집단상담의 효과성입니다. 그 이유를 이야기하면 다른 집단원들이 그 뜻을 공유해서 이해하기 때문에 더 편해질 수 있다는 것입니다. 자, 어때요. 도움이 안 된다고 생각하는 이유를 편하게 설명 좀 해 줄 수 있을까요?"

지도자는 저항을 확인 한 후 그 저항을 드러내는 작업을 해야 한다. 지도자나 집단원들이 저항을 무시하지 안고 이유를 '말하지 않기로 한' 이나 '참여하고 싶지 않다고

한' 이유를 표현하게 하고 말할 수 있게 함으로 저항을 줄여 주는 효과를 가질수 있다.

이때 그 말하기를 꺼리는 감정의 실체를 인지하는 능력도 지도자에게는 필요하다. 분노, 적대감, 무기력, 반항, 불만 등을 인지함으로 그에 맞는 감정 다루기가 이루어질 수 있기 때문이다.

지도자 : "지금 최상병 자신의 이러한 감정들을 표현 했는데 최상병은 그 감정이 무엇이라고 생각 하나요?"

저항하는 집단원에게는 그 어려움을 이해하고 도우려는 의도를 가지고 있다는 인식을 주어야 한다.

6) 갈등 다루기

갈등은 힘든 행동을 보이는 집단원들을 직접적으로 다루는 것에 실패하는 데에서 온다(Gerald Corey · Marianne Schneider · Patrick · J. Michael Russell ; 김춘경역 외, 2005). 특히 군 문화에서는 계급이나 선후임 관계, 명령과 지시, 수행과 복종으로 인한 잠재된 감정들이 있다. 비호의적이거나 싫어하는 관계 속에서는 다양한 형태로 그 반응이 나타나는데 지시, 논쟁, 불일치 그리고 침묵으로써 표현된다. 때로는 좋아하지 않는 채 그 집단이 이어진다(Ed E. Jacobs · Robert L. Masson · Riley L. Harvill ; 김춘경역, 2003). 이럴 때 집단지도자는 다음과 같은 질문이 효과적일 수 있다.

♣ 포인트

지도자 : "우리가 집단 활동을 해 오면서 무엇인가 보이지 않는 감정들이 있는 것 같아요? 그것이 무엇인지 서로 이야기 좀 나누어 보도록 합시다."

이때 선임에 대한 후임과의 갈등 혹은 선임에 대한 불만 또는 간부나 후임들의 표현으로 갈등이 노출되어 진다. 그와 관련된 토론이 이득이 된다고 느낀다면 집단에서 그 문제를 드러내는 과정을 통해 갈등을 해소 시킬 수 있다. 서로 갈등하는 과정에서 토론하는 것은 '타인을 더 잘 수용하는 데 도움이 된다는 점' 에서 유익한 방법 중의 하나라고 할 수 있다. 이 과정에서 갈등 해소를 위해 서로가 이해하고 집단원들이 서로를 돕는 것이 집단응집력을 형성하는 가장 생산적인 과정의 하나가 될 수 있다.

그러나 갈등 극복이 말처럼 쉽지 않기 때문에 갈등이 완화되지 않을 수도 있다. 갈등에 있는 참여자들이 집단에서 일어난 활동들을 수용하지 않다거나 개인적으로 싫어하는 것을 극복하지 못하기 때문이다(Ed E. Jacobs · Robert L. Masson · Riley L. Harvill ; 김춘경역, 2003). 이런 경우 집단원들이 서로 좋아하도록 만드는 것이 아니라 다른 집단원에게 어떤 영향을 주고 있는지를 판단하고 방치해서는 안 된다. 왜냐하면 그것은 집단경험에서 얻을 수 있는 유익을 전적으로 방해하기 때문이다.

이때 집단지도자가 갈등으로 노출된 감정들을 어떻게 해결할 것인가를 결정해야 한다. 집단원들의 분위기를 보아 다른 회기에서 다루거나 아니면 '현재 - 지금' 이 회기에서 다루는 것이 유익하다면 지도자가 집단원들의 갈등에 초점을 맞추기로 결정하고 그 갈등의 문제를 정확하게 확인하여, 집단에서 그것을 다루려는 이유를 설명해야 한다. 그리고 그 문제를 활동으로 다루기 전에 갈등을 가진 집단원과 집단지도자가 개별적으로 이에 대해 서로 토론하는 것이 유익하다. 개별적인 접촉은 라포와 집단원들의 협력을 얻는 데 유익하게 작용한다. 만약 집단원으로부터의 위임(commitment)없이 문제해결 작업을 하게 될 경우, 다른 집단원들로부터 예상치 못한 도전을 받게 되거나 그 집단원 간에 논쟁거리로 발전되는 어려움을 겪을 수도 있다.

아래의 사례는 부대 내 생활에서 두 집단원이 임무 수행 문제로 갈등을 하고 있는 장면이다. 지도자는 각 집단원들에게 다음 시간의 회기 활동으로 전환하였고, 그들의 주제를 가지고 계속 작업할 것을 제안하고 돕기로 결정했다. 지도자는 각각의 집단원과 개별적으로 만났고. 그런 다음 아래와 같은 회기를 시작했다.

지도자 : "오늘 나는 모두에게 중요한 문제를 다루기 위한 시간을 가지기를 원합니다. 우리가 알고 있는 것처럼, 김일병과 최상병은 서로에 대한 갈등으로 어려움을 겪고 있다는 것을 우린 전 회기에 알았고 이 시간에 다루기로 하였습니다. 우리는 이 문제들을 서로 솔직하게 말하면서 집단 내에서 노력하여 그 문제를 해결하는 방법을 찾았으면 하는데 동의 하나요?(지도자는 이미 개별적 상담을 통해 약속된 장면으로 초점화한다)"

김일병 : "예, 찬성합니다."

최상병 : "저도 찬성합니다."

지도자 : "좋습니다. 먼저 우리는 최상병과 김일병 사이에서 문제가 되어 불편함으로 인식된 것이 무엇인지 다른 병사들이 느끼고 생각하는 것을 말해 보기로 합시다. 자 먼저 길등 요인으로 느껴지는 부대 분위기는 어떤지 것인지 이야기해 볼까요? 누가 먼저 이야기해 볼까요?"

고상병 : "저는 서로 마음을 서로 신뢰하지 못하는 분위기가 문제가 있다고 봅니다. 그 중 말이 중요한데 우리나라 말에 '아 다르고 어 다르다' 는 말이 있듯이 너무 강한 언어를 쓰기 때문 서로 오해가 있는것 같습니다."

박일병 : "저는 각자 자신들만의 입장에서 생각하기 때문에 그렇다고 봅니다. 지시를 받는 입장에서, 지시를 이행하기도 전에 또 지시가 하달되니 짜증 난다고 인식하는 것이고 지시하는 분은, 지시받는 태도나 자세가 나쁘다고 생각하는 것 같습니다. 서로 보는 관점이 다르기 때문인 것 같습니다."

오일병 : "저도 고 상병님의 말씀에 동감합니다. 그런데 우리 부대의 선임 분들은 본인들이 하셔도 될 것을 후임 병사들에게 떠넘기는 것 같다는 생각이 들기도 합니다. 왜냐면 저도 최 상병님으로부터 연속된 지시가 너무 힘이 드는데 어느 때 이런 지시는 최 일병이 하셔도 되는데 하는 생각이 듭니다."

지도자 : "잠시만 지금 오일병이 말한 내용은 최상병과 김일병의 갈등 원인을 이야기한 것인가요? 아니면 자신이 최상병에게 느끼는 감정을 말 한 것일까

요? 지금 자신의 감정을 이야기하지 말고 다른 집단원들이 두 사람에게 느껴지는 생각만 이야기하기로 합시다."

이 예에서, 지도자는 다른 집단원들이 느끼는 생각들을 피드백으로 제공하는 방법을 선택했다. 이야기가 계속됨에 따라 갈등을 가지고 있는 두 명의 집단원들이 점차 관련될 것이다.

지금까지 다른 집단원의 피드백을 참고로 하고 구체적인 개인의 갈등에 초점을 맞추는 대신에, 갈등문제를 다른 병사(집단원)들이 어떻게 보고 있는지 넓은 관점에서 진행하다가 차츰 개인의 문제로 완화시켜 민감한 자존심과 화를 다루는 방법을 사용했다.

지도자 : "자, 지금까지 다른 부대원들이 객관적으로 이야기하는 것을 최상병과 김일병이 들었을 것입니다. 이를 참고 하면서 이제부터는 최상병과 김일병의 이야기를 들어 보기로 합시다. 두 가지 관점으로 이야기했으면 하는데, 첫째는 이런 부대내의 갈등 원인이 어떻게 만들어 졌는지, 둘째는 그로 인해 김일병과 최상병은 서로에게 어떤 점이 불편하고 힘들게 하는지 이야기해 보기로 해요."

이런 활동을 통해 갈등하는 두 사람들이 관찰하고 느낀 점들을 서로 이야기 나누게 할 수 있다. 그렇다고 집단회기 내에서 꼭 갈등 부분을 해결해야 한다는 것은 아니다. 가능하면 갈등을 피하지 않고 완화시켜가는 과정을 돕는 것이 매우 효과적이다.

그러나 서로에 대한 강한 인식으로 그 갈등 부분이 집단을 방해하고 있다는 생각이 느껴진다면, 아마도 그 집단원은 집단 활동에서 해소할 준비가 되어 있지 않는 것으로 생각하고, 개인 상담으로 접근하는 것이 더 도움이 될 것이다.

제 6 장

군 집단상담의 평가

집단상담의 평가는 과정에 대한 평가와 효과에 대한 평가로 대별된다. 과정평가는 집단의 발달 수준 혹은 역동성이 집단이 원하는 목표 달성을 위하여 적절히 움직이고 있는가를 평가하는 것과 관련되어 있다. 반면에 효과평가는 집단이 원래 달성하고자 했던 목표 수준을 달성했는가를 평가하게 된다. 효과 평가의 경우, 집단목표와 집단이 운용되는 상황에 따라 달라진다.

어떤 방법을 활용하여 평가할 것인가는 연구자의 특성이나 집단상담의 목표에 따라 달라질 것이다. 군의 경우, 집단상담이 실질적으로 군이 요구하는 목표나 역량 개발에 어떤 영향을 미치는가에 관심을 쏟는 경우가 많다. 이 경우에는 부대역량 지수나 탄력성 지수, 스트레스 검사지, 우울증 검사, 대인관계 검사 등을 활용하여 집단의 성과를 측정할 수 있다. 그러나 과정 평가는 진행 과정에 대한 평가이기 때문에 일련의 과정 지표에 맞는 행동들이 나타나고 있는가를 평가해야 한다. 이는 군이나 일반 민간이나 심리적으로 유사한 진행경로를 따를 것으로 판단된다.

각 평가영역은 다시 평가방법에 따라 양적 평가와 질적 평가로 구분할 수 있다. 양적 평가는 특정 목표 행동 혹은 기준의 달성 정도를 양화된 기준으로 평가하는 것인 반면, 질적 평가는 특정한 행동의 발현과 그 의미를 분석하는 것을 말한다. 행동 체크리스트를 사용하는 경우, 양 자의 장점을 활용할 수 있다. 즉, 빈도 등의 측면에서는 양적 평가를 사용하지만, 내용을 분석할 때는 특정 행동의 의미를 기록하여 질적 평가가 가능하도록 할 수 있다.

이에 본 장에서는 집단과정을 실행하는 것에 초점을 맞추고, 활동 체크리스를 제공하여, 집단지도자의 활동이 적절히 진행되고 있는지, 집단은 발달단계에 맞게 효과적으로 운영되고 있는지, 만약 그렇지 않다면 어떤 점에 유의를 해야 하는지에 대한 평가 지표를 제시하고자 한다. 집단상담의 과정 평가는 단순히 '잘했다' 혹은 '잘 못했다' 를 평가하는데 주안점이 있는 것이 아니다. 오히려, 그 결과를 바탕으로 어떻게 효율성 및 효과성이 확보되는 집단을 운영할 것인가에 대한 새로운 자극과 통찰을 얻는데 목적이 있다.

1. 집단상담의 과정에 영향을 미치는 요인

집단상담의 과정에 영향을 미치는 요인은 상담자 요인, 집단원 요인, 집단상호 작용의 요인, 이론의 요인 등 여러 가지로 나누어 볼 수 있다. 또한 집단의 발단단계에 따라 각 단계에서 어떤 일이 일어나고 있는가를 평가해 볼 수도 있다.

군 집단상담 또한 다양한 요인을 가정해 볼 수 있다. 육군, 해군 및 공군의 특성에 따라서 어떤 현상이 나타나는가? 집단상담자의 특성-예를 들어, 계급, 성별, 나이, 병과 및 참모 대 지휘관-등에 의해 상담과정이 다양한 변이를 일으킬 수 있다. 각 부분은 서로 다르게 집단상담의 과정에 영향을 미칠 것이다.

본 장에서는 우선적으로 집단상담의 전 과정에 걸쳐 나타나는 심리적 발달 특성 단계-저항과 갈등, 응집성 및 생산성의 창출 단계-에 따라 이를 살펴보고자 한다(김명권, 2001; 김성회, 2001; 설기문, 2000; 이형득, 1998, 2000; Corey & Corey, 1997; Friedman, 1989; Yalom, 1985). 집단이 초기 단계에서 어떤 형태의 갈등과 저항을 보이고 있는지, 응집성 단계에서 집단은 적절하게 진행되고 있는지, 생산성 창출의 단계에서는 적합한 목표를 향해 집단원이 움직이고 있는지를 제대로 평가하고 확인할 수 있어야 집단상담의 성과를 담보할 수 있기 때문에 각 심리적 발달단계에 따른 특징을 명확히 이해하고 있어야 할 것이다. 이러한 단계를 거칠 때 집단원들이 어떠한 태도들을 나타내는 지를 확인할 수 있어야, 적절한 집단상담 개입전략 및 과정 운영 계획을 세울 수가 있는 것이다.

그러나, 실질적으로 집단상담을 진행함에 있어서 반드시 살펴보아야 하는 것은 집단원들이 활동에 참여하는 태도를 점검하여야 할 것이다. 이에 본 장에서는 집단상담을 평가하기 위한 세부적인 내용으로 첫째, 집단원의 전반적인 활동참여 태도를 평가하는 방법, 둘째, 집단원의 저항과 갈등을 평가하는 방법, 셋째, 집단원의 응집성을 평가하는 방법, 넷째, 집단의 생산성을 나타내는 특징을 평가하는 방법을 제시하고자 한다. 이는 집단활동 체크리스트를 사용하여 상담자가 집단의 진행 효율성을 측정하도록 하였다. 본 평가 체크리스트는 집단의 발달과정으로 이해할 수도 있고, 각 집단 단계의 효과성을 평가할 수도 있다. 즉, 분리하여 사용할 경우, 특정 회기의 효과를 평가하지만, 집단의 발달단계, 즉, 참여단계. 저항과 갈등의 단계, 응집성 단계, 생산성 단계로 선정하고 각 단계로 진행되고 있는가를 평가할 수도 있다. 후자의 경우, 집단이 이론대로 진행되고 있는가를 평가해 볼 수도 있다.

2. 집단원의 활동참여 태도 평가

집단원들 간에 상호작용이 원활하게 이뤄져서 집단 목표를 효율적으로 달성하도록 하기 위해서는 집단원의 활동참여 형태가 전반적으로 점검되어야 할 것이다. 그 세부적인 내용으로는 ①집단원들의 활동참여 정도와 집단요구에 대한 민감도, ②집단원들의 고른 지도성 발휘, ③편안한 분위기와 경청의 태도, ④느낌표현과 공감 및 수용의 정도, ⑤참된 자기노출의 노력, ⑥각자의 개성을 존중하려는 노력, ⑦자유로운 속에서 창의성을 보장하려는 분위기, ⑧이완된 속에서 사랑과 신뢰의 분위기, ⑨문제와 과업에 전념하는 정도 등을 제시할 수 있다(이형득, 1998, 2000).

집단지도자는 각 영역에서 어떤 현상이 발생하고 있는가를 스스로 평가해 보고, 적절한 반응이 나타나지 않고 있을 때는 어떤 전략을 통하여 집단에 개입할 것인가를 결정할 수 있어야 한다. 그렇지 않은 경우, 적절한 진행도 어렵거니와 효과적인 목표 달성도 불가능할 것으로 보인다. 즉, 집단원의 활동 가운데 어느 영역이 활성화되고, 어떤 영역은 그렇지 않은지, 그리고 활성화되지 않은 영역에 대해서는 어떻게 개입할 것인가에 대한 전략을 만들 수 있는 좋은 지침이 집단원 활동 참여 태도평가가 될 것이다.

집단원의 활동참여 태도를 평가하는 표를 만들어 보면 다음의 〈표1-12〉과 같다.

<표 1-12> 집단원의 활동참여 태도 평가

내 용	점 수				
	전혀 그렇지 않다	조금 그렇다	보통 이다	그렇다	매우 그렇다
우리는 집단 활동에 적극참여 하였으며 집단요구에 민감하게 활동했다.					
각자의 능력과 통찰력에 따라 모두 골고루 지도성을 발휘할 수 있었다.					
우리는 서로간의 생각을 경청하고 생생하게 아이디어들을 제시하고 또 받아들였다.					
우리는 서로 느낌을 이야기 했고 서로 공감하며 수용했다.					
우리는 각자의 참된 모습을 노출시키려고 노력하였다.					
우리는 각자의 개성을 존중하고 받아들였다.					
자유가 보장되고 창의성과 개성이 존중되었다.					
이완된 분위기 속에 사랑, 신뢰, 우의가 가득 차 있었다.					
우리는 문제를 열심히 파헤치고 과업에 열중하여 창조적인 일을 많이했다.					

3. 집단의 갈등 및 저항의 평가

집단 지도자와 참가자들이 갈등을 어떻게 인식하고 처리하는가 하는 것은 집단상담의 전체 과정에 중대한 영향을 미친다. 갈등을 잘 처리하기 위해서는 먼저 그것을 올바로 인식하고 대처해 나가야 한다. 갈등을 무시하거나 부정적으로 보면 집단은 생산적인 단계에 도달하지 못한다. 그리고 저항은 자신이나 다른 사람들이 개인적인 문제나 고통스러운 느낌을 깊게 탐색하는 것을 막거나 방해하는 행동을 말한다. 저항은 집단과정에서는 피할 수 없는 현상이며, 저항을 인식하지 못하거나 탐색하지 못하면 집단과정을 심각할 정도로 방해할 수 있다(김명권, 2001; 이형득, 1998, 2000).

이러한 저항과 갈등의 구체적인 행동 형태와 세부 항목을 살펴보면, 다음과 같다.

첫째, '참여하지 않기' 가 있다. 참여하지 않는 행동은 집단에서 어떻게 행동해야 하는가를 몰라서 그럴 수도 있고, 집단의 목표와 자신의 목표가 불일치하기 때문일 수도 있다. 또한 집단 참여에서 의미를 발견하지 못하거나, 심리적으로 어색함을 느끼기 때문일 수도 있다. 이를 나타내는 세부 항목으로는 침묵, 어색한 웃음, 눈치 보기, 관찰자 역할하기 등을 들 수 있다.

참여하지 않는 집단원에 대하여 참여하기를 재촉하는 경우, 자기 탐색의 기회를 상실할 수도 있기 때문에, 지도자는 초대 형식으로 참여하도록 하거나, 집단 중기에서는 그 행동의 이유를 탐색해 볼 수도 있다.

둘째, '지도자 의존' 형태의 저항이 있다. 이는 항상 지도자 중심으로 행동하고, 지도자가 원하는 것을 대답하고자 노력한다. 결과적으로는 집단에서 자유로운 자기 탐색이나 평가 및 타인들의 행동을 제지하는 결과를 야기한다. 세부 항목으로는 인정과 수용을 받으려는 말과 행동하기, 주도, 지시, 충고, 평가해 주기를 요청하는 행동 등을 들 수 있다.

셋째, '질문하기' 를 통한 저항이 있다. 이는 최선의 방어는 공격이라는 듯, 타인들에 대한 질문을 지속적으로 함으로써, 자기 자신에게 질문이 돌아오거나, 자신을 탐색하는 기회를 원천적으로 차단하는 행위이다. 여기에는 진행방법에 대한 질문이나 지도자의 개인적 특성에 대한 질문을 하는 것, 집단과 상관없는 질문을 하는 경우도 있으며, 집단원의 개인 신상에 대해 질문을 하는 행동들에 이에 해당된다. 이 경우에는 질문을 통해서 얻고자 하는 것이 무엇인가를 명료화하는 일이 필요하다.

넷째, '독점하기' 가 있는데, 자신의 문제를 과장하거나 전체 집단원의 관심을 혼자서 받고자 하는 경우에 해당된다. 어떤 사람의 문제도 자기 문제보다는 심각하지 않으며, 모든 삶의 문제를 다 겪은 것처럼 행동하기도 한다. 결과적으로 타인과 더불어 사는 것이 어려움에도 자신은 깨닫지 못한다. 이 경우에는 독점의 시간, 내용 등에 대해서 함께 이야기를 나누어 볼 수 있다. 여기에 해당되는 세부항목으로는 혼자서 말을 많이 하거나, 다른 집단원의 문제와 관련한 자기 이야기하기, 혹은 자주 끼어들기 등의 행동들을 들 수 있다.

다섯째, '엉뚱한 이야기하기' 가 있는데, 세부 항목으로 농담하기, 배우자 혹은 동료 등 제 3자의 문제해결에 치중하기, 일상에서 있었던 집단 밖 이야기하기 등을 들 수 있다. 이는 지금-여기에서 일어나는 일에 대해 이야기하는 것이 너무 부담스럽거나 자신의 내적 모습이 드러나게 될까봐 두려움을 느끼는 경우에 흔히 일어난다. 따라서 그때-거기의 이야기가 지금, 이 순간, 이 자리의 어떤 맥락 때문에 떠 올랐는지를 탐색해봄으로써, 다시 지금-여기에 초점 맞출 수 있다.

여섯째, '지도성 경쟁' 이 있는데, 다른 사람의 말을 가로막기, 다른 사람의 반응에 부정적으로 반응하기, 집단방향 제시하기 등의 행동들이 이에 해당된다. 이는 인정의 욕구를 충족하는 방법이기도 하지만, 자신의 경력을 과시하거나, 자신은 현재 이상의 중요한 모습을 갖춘 사람임을 지도자 앞에서 과시하고 싶은 경우에 일어날 수 있다.

일곱째, '문제없는 사람으로 자처하기' 가 있는데, 세부 항목으로 자신에게 집중되는 시선 회피하기, 항상 다른 집단원의 문제점 지적하기, 타인문제의 해결책만 제시하기 등의 행동들을 꼽을 수 있다. 이런 유형의 갈등은 타인과의 관계 단절을 초래하기가 쉽다. 상대편은 사소한 문제라도 자신에게는 중요한 문제가 될 수도 있는데, 자신의 관점에서만 문제가 안된다고 주장하거나, 자신은 전혀 그런 문제가 없다고 주장하면, 다른 집단원들은 허탈감을 느끼고, 더 이상 상호작용하고 싶은 욕구가 사라지게 만든다.

여덟째, '지성에 호소하기' 가 있는데, 세부 항목으로는 서로의 의견을 토로하기, 정보교환하기, 이론적 강의를 하기 등의 행동들이 이에 해당된다. 이들은 감성을 열등하게 느끼거나, 항상 모든 일들이 자신의 틀 속에 진행되어야 된다고 믿을 때가 많다.

아홉째, '공격하기' 가 있는데, 세부 항목으로는 상대의 감정을 상하게 하는 표현하기, 빈정대기, 비판하기, 논쟁하기 등의 행동들이 이에 해당된다. 이는 질문하기와는 다소 다르게 상대편의 약점을 이용하여 자신의 지위를 높이고자 하는 것이다.

열번째, '상처 싸매기' 를 들 수 있는데, 세부 항목으로는 우는 집단원 달래기, 긍정적이고 지지적인 표현만 하기, 다른 집단원들의 기분 맞추기 등을 행동들이 이에 해당된다. 상처싸매기는 상대편이 자신의 문제를 깊이 있게 성찰할 수 있는 기회를 박탈한다. 나아가 자신의 문제가 드러날 때도 더 이상 심하게 공격하지 말라는 메시지를 전달하고 있을 수 있다.

열 한번째, '충고하기' 가 있는데, 세부 항목으로 일방적으로 지시해 주기, 설교나 교훈어조로 말하기 등의 행동들이 이에 해당된다. 충고하기는 일견 효과적이고 상대편에 대한 관심을 보이는 것으로 인식될 수 있지만, 실제적으로는 자신은 우월한 존재이고, 타인은 열등한 존재임을 알리는 메시지가 될 수 있다. 또한 충고는 자신도 실천하지 못하는 것은 다른 사람들은 하라고 지시하는 것과 같을 때가 많다.

열두번째, '도움 구걸하기' 가 있는데, 세부 항목으로는 다른 집단원들이 참여를 격려했을 때만 말하기, 짧게 응답하기, 지도자나 집단원의 눈치 보기 등의 행동들이 이에 해당된다고 할 수 있다. 심리적 에너지가 일방향으로 흘러야만 관계가 유지되기 때문에 지속적 집단활동을 방해하는 행동이라고 할 수 있다.

이상의 행동 형태와 세부 항목들을 간단히 표로 나타내 보면, 다음의 〈표1-13〉와 같다.

집단상담 장면에서는 어떤 집단원이 어떤 행동을 보이고 있는가를 관찰하고, 집단 전체에 미치는 영향을 파악하며, 어떻게 개입하여 생산적 활동으로 이끌 것인가를 집단상담 지도자들은 준비를 하고 있어야 한다.

다음에 나타나는 항목들은 읽어보고, 집단 내에서는 그 빈도와 정도 및 가장 빈번히 나타나는 영역을 확인하면, 현재 집단이 어떤 상태로 운영되고 있는지를 객관적으로 평가해 볼 수 있다.

<표 1-13> 집단의 갈등 및 저항의 평가

번호	행동형태	세 부 항 목
1	참여하지 않기	① 침묵/어색한 웃음/눈치보기 ② 관찰자 역할하기
2	지도자 의존성	① 인정과 수용을 받으려는 말과 행동하기 ② 주도, 지시, 충고, 평가해 주기를 요청함
3	질문하기	① 진행방법, 지도자 등 집단에 대해 질문하기 ② 집단과 상관없는 질문하기 ③ 집단원의 개인신상에 대해서 질문하기
4	독점하기	① 혼자서 말 많이 하기 / 자주 끼어들기 ② 다른 집단원의 문제와 관련한 자기 이야기하기
5	엉뚱한 이야기	① 농담하기 ② 배우자, 동료 등 제 3자의 문제해결에 치중하기 ③ 일상에서 있었던 집단 밖 이야기하기
6	지도성 경쟁	① 다른 사람의 말 가로막기 ② 집단방향 제시하기 ③ 다른 사람의 반응에 부정적으로 반응하기
7	문제없는 사람 으로 자처하기	① 자신에게 집중되는 시선 회피하기 ② 항상 다른 집단원의 문제점 지적하기 ③ 타인문제의 해결책만 제시하기
8	지성에 호소하기	① 서로의 의견 토론하기 ② 정보교환하기/이론적 강의하기
9	공격하기	① 상대의 감정을 상하게 하는 표현하기 ② 빈정대기/비판하기/논쟁하기
10	상처 싸매기	① 우는 집단원 달래기 ② 긍정적이고 지지적인 표현만 하기 ③ 다른 집단원들의 기분 맞추기
11	충고하기	① 일방적으로 지시해 주기 ② 설교나 교훈어조로 말하기
12	도움 구걸하기	① 초청했을 때만 말하기 ② 짧게 응답하기 ③ 지도자나 집단원의 눈치보기

4. 집단 응집성의 평가

갈등을 넘어서면 집단은 점차로 응집성을 발달시키게 된다. 이제는 부정적인 감정이 극복되고 조화적이고 협력적인 집단분위기가 발전된다. 집단원들은 집단에 대하여 좋은 느낌, 즉 적극적인 관심과 애착을 갖게 되고 집단지도자와 집단과 자신을 동일시하게 된다. 그 결과 상호간에 신뢰도가 증가되고 집단의 사기가 높아진다. 그러나 집단원들이 응집성에 머무르는 이상, 기분은 좋을지 몰라도 아무것도 생산하지 못할 수 있음을 유의해야 한다(이형득, 1998, 2000).

응집성을 평가할 수 있는 항목으로는 ①집단원들 간의 배려, ②집단원들 간의 일체감, ③집단원들 간의 신뢰도, ④지도자에 의존하기보다 집단원들 사이의 교류의 정도, ⑤집단외의 이야기 대신 지금-여기에 활동, ⑥위험을 감수할 수 있는 태도 등을 꼽을 수 있을 것이다. 이상의 항목들을 평가해 볼 수 있도록 표를 만들면, 다음의 〈표1-14〉과 같다.

<표 1-14> 집단원의 활동참여 태도 평가

항 목	평가내용
1. 집단원들 간에 서로 배려를 하고 있었는가?	
2. '우리' 또는 '하나'가 되었다고 느끼고 있었는가?	
3. 집단원들 간의 신뢰도가 깊어졌는가?	
4. 지도자에게 의존하기보다는 집단원들 간의 교류가 많았는가?	
5. 집단 외의 이야기보다는 지금-여기 활동이 많았는가?	
6. 기꺼이 위험감수를 하려고 했는가?	

5. 집단 생산성의 평가

집단이 응집성을 넘어 생산성을 띠게 되면, 집단원들은 갈등에 직면해서도 책임을 질 수 있으며 집단문제 해결의 활동에 참여할 수 있게 된다. 또한 그들은 다른 사람의 가치관과 행동에 대하여 보다 큰 관용의 태도로 수용할 수 있게도 된다. 개인은 대인간의 상호작용을 통하여 자신에 대한 깊은 통찰을 얻게 되고, 그 결과 그의 행동을 변화시킬 수 있는 준비도 이루어지게 되는 것이다(김성회, 2001; 이형득, 1998, 2000). 집단 생산성을 평가할 수 있는 항목을 구체적으로 살펴보면, ①비효과적인 행동에 대한 자기노출 ②집단원의 비효과적인 행동에 대한 피드백의 정도, ③비효과적인 행동패턴에 대한 자기수용의 정도, ④대안 행동의 적절한 선정, ⑤행동변화를 위한 연습, ⑥변화를 위한 모험 감행 등을 들 수 있다. 이상의 항목들을 평가해 볼 수 있도록 표로 나타내 보면, 다음의 〈표1-15〉와 같다.

〈표 1-15〉 집단 생산성의 평가

항 목	평가내용
1. 비효과적인 행동에 대해 자기노출을 하였는가?	
2. 집단원의 비효과적인 행동에 대한 피드백이 활발하였는가?	
3. 비효과적인 행동패턴에 대한 자기수용이 일어났는가?	
4. 대안행동이 적절하게 선정되었는가?	
5. 행동변화를 위한 연습은 이루어졌는가?	
6. 변화를 위한 모험 감행이 일어났는가?	

6. 결언

집단상담은 여기에서 제시한 변인들 이외에도 다양한 요인들에 의해 영향을 받는다. 집단상담 연구의 단위가 집단인 점을 감안하면 집단상담 효과 및 과정연구는 쉬운 일이 아니다. 그럼에도 불구하고, 최근의 연구는 집단상담의 평가를 통하여 더욱 효과적인 집단상담 진행이 가능한 방향을 찾고 있다.

사실, 집단원을 선정하고, 동질집단이나 이질집단으로 구성하며, 개방집단과 폐쇄집단에 따른 효과 차이 등은 군에서 가장 효과적으로 검증해 볼 수 있다. 일반 사회에서는 집단원을 구하는 일에서부터 상당한 심리적 및 경제적 부담을 느끼는 경우도 많다. 따라서 군에서 적절한 집단상담 연구 패러다임을 갖추고, 효과를 검증해 나간다면, 어떤 전문 집단보다도 더욱 앞선 지식으로 무장할 수 있을 것이다.

제 II 부
군 집단상담의 실제

제 1 장

군 집단상담 프로그램의 실제

집단상담은 다양한 역동과 상호작용 속에서 일어나게 된다. 병영 내에서 집단상담을 실시하는 경우, 명확한 목표와 부대생활에 활용할 수 있는 내용으로 구성되어야 한다. 본 집단상담 프로그램은 실제로 군에서 활용할 수 있는 다양한 프로그램 가운데 장병들의 자기이해와 병영생활의 정합성을 확보하여 더욱 생산적인 군 생활이 가능하도록 조력하는 내용으로 구성하였다. 3부에서는 집단 상담 진행 중에 나타나는 저항하는 집단원 혹은 어려운 집단원과 상호 작용하는 방법에 대하여 기술하였다. 이는 전문상담사들이 군에서 직접 프로그램을 진행하면서 얻은 사례로 집단 프로그램을 이끄는 효과적인 방법을 이해할 수 있도록 도울 것이다. 이론이나 개인적 선호도에 따라 다른 반응이 가능하고, 또한 맥락에 따라 여러 가지 반응이 가능하겠지만, 가장 현장중심적인 반응기법을 제시하였다.

1. 프로그램의 구성

본 프로그램의 구성은 3가지 측면에서 살펴볼 수 있다. 첫 번째는 프로그램의 회기 및 길이라는 측면이고, 두 번째는 내용구성의 측면, 세 번째는 목표구성의 측면이다. 이를 살펴보면 다음과 같다

1) 프로그램의 회기 및 길이

프로그램의 길이를 결정하는 요소는 집단참여 가능 시간, 프로그램의 목적, 집단활동의 깊이, 지도자 역량 등에 따라 달라질 수 있다. 군 집단상담의 경우, 각 군의 훈련교육시간, 혹은 복무일시 등에 따라 가변적인 요소들이 많다. 특히 전입신병의 경우에는 단기간에 군 적응능력을 강화하고, 개인의 성장경험을 제공하여 자신과 부대의 이해, 그리고 부대와 개인의 정합성을 확보 할 수 있도록 구성되고 부대의 사정에 따라서 회기 및 길이가 구성되어야 한다.

먼저 프로그램의 회기 측면에서는 집단상담의 효과를 부대 내에서 최적화하기 위하여 1박 2일에 걸쳐 10회기로 구성하였다. 1일 내에 전체 프로그램을 실시할 수 도 있다. 그러나 2일에 걸쳐 집단상담을 진행하는 경우, 첫째날의 경험을 저녁 시간에 다시 반추해볼 수 있고, 둘째 날의 참여를 더욱 효과적으로 만들 수 있기에 2일간에 걸쳐 프로그램을 진행하도록 하였다. 각 회기는 50분에 걸쳐 실시하도록 구성하였다. 인생등고선의 경우, 활동 특성 상 2시간으로 구성하였고, 마지막 소감문 나누기 시간은 40분을 배정하였다.

일반적으로 집단상담은 20시간을 기준으로 운영되는 경우가 많다. 자신을 이해하고 수용하며, 나아가 스스로를 두려움 없이 개방하기 위해서는 적어도 마라톤 집단의 경우 20시간, 일반 집단인 경우 2박 3일 혹은 12회기 정도의 집단시간을 요청하고 있다. 집단상담의 효과를 극대화하기 위해서는 2박 3일 혹은 그 이상의 교육도 필요하지만, 현역 장병들의 경우, 각종 근무와 훈련 및 군인화 과정을 고려할 때, 군 집단상담은 2일 교육으로 구성하되, 필요한 경우 분할하여 프로그램을 진행하도록 구성하였다. 추후 필요한 경우, 프로그램 길이는 확장할 필요가 있을 수 있다.

2) 프로그램의 내용 구성

본 프로그램은 입소 및 오리엔테이션에서부터 병영생활실천계획서에 이르기까지 총 10가지의 주제로 구성되어 있다. 이미 언급한 바와 같이 각 회기는 대략 1시간 내에서 실시할 수 있도록 구성하여, 군 장병들이 관심을 지속적으로 기울일 수 있도록 구성하였다. 또한 분할하여 운영할 경우, 각 단위별로 프로그램 진행이 가능하도록 구성하였다.

프로그램의 내용 구성에 있어서는 단기간에 군 적응능력을 강화하고, 개인의 성장 경험을 제공하기 위하여, 본 프로그램은 다양한 발달 영역 가운데 전입장병에게 가장 필요한 자신과 부대의 이해, 그리고 부대와 개인의 정합성 확보를 위한 활동들로 구성하였다. 즉, 전체 활동을 먼저 이해단계와 정합성의 단계로 구분하였다. 이해단계에는 자기에 대한 이해와 부대에 대한 이해를 각성하도록 구성하였다. 정합성 단계에서는 부대의 적응도를 높이고, 나아가 부대목표와 개인의 목표를 무의식적으로 통합해 나가도록 구성하였다.

이해단계에는 다시 프로그램에 대한 이해와 자기소개를 통한 타인과의 맥락 속에서 자신의 모습을 살펴보도록 하였다. 부대이해의 시간에는 광고만들기와 팀웍 형성 훈련을 포함하였고, 적응 과정에는 부대생활곡선과 가상 적응 시나리오 훈련을 실시하였다. 마지막으로 정합성을 확보하기 위하여 병영생활 실천계획서를 작업할 수 있도록 구성하였다

<표2-1> 집단상담의 구성원리

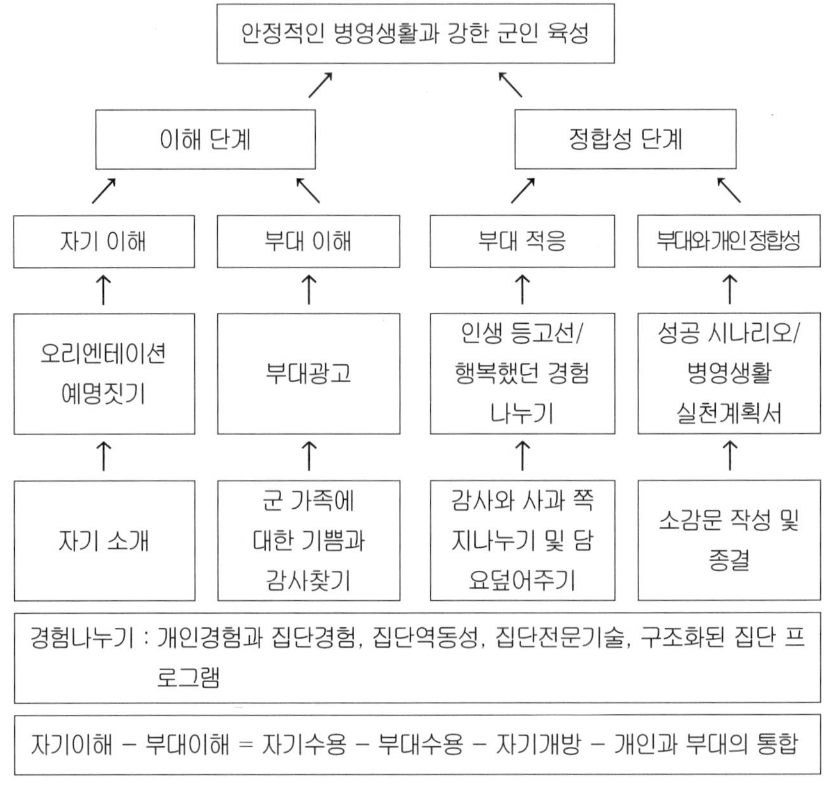

이와 같이 프로그램을 구성함으로 해서, 프로그램의 목표를 통하여 개인의 목표를 설정하고 이를 경험하면서 부대의 목표에 부합되는 공군으로서의 자부심이 함양되도록 구성되어있다.

중요한 것은, 매 회기의 마지막 5분 정도는 경험 나누기 시간을 편성하였다는 것이다. 경험 나누기를 통하여 각 집단 활동에서 개인이 새롭게 학습한 것은 무엇이며, 다른 집단원들은 어떤 생각을 가지고 어떻게 활동하였는가를 서로 배울 수 있는 기회를 가지도록 구성하였다. 이는 집단원들의 솔직한 참여 소감을 들을 수 있을 뿐만 아니라, 집단참여와 역동성 강화에 도움이 된다. 또한 학습한 것을 재각인 시켜 행동화 가능성을 높여줄 수 있도록 구성하였다. 프로그램 구성을 간단히 소개하면 다음과 같다.

3) 프로그램의 목표 구성

본 프로그램의 목표는 군의 다층적 과업 수행 목표를 반영하도록 구성하였다. 일반 상담과는 달리 군의 경우, 개인의 목표와 부대의 목표, 그리고 이를 달성하게 하는 상담의 목표라고 하는 세 가지가 존재한다. 일반적으로 집단상담은 개인의 자아실현을 목표로 하나 군 집단상담은 군이 지향하는 목표를 달성하면서 동시에 개인이 지향하는 목표도 달성할 수 있도록 구성되어야 한다. 따라서 본 프로그램에서는 다음과 같은 3가지 목표를 동시에 달성 할 수 있도록 구성하였다.

<표2-2> 본 프로그램의 목표

부대 목표	개인 목표	군 상담 목표
1. 부대지향가치	1. 개인의 부대적응 및 성장	1. 신세대 장병의 성장과 발달을 돕는 부대분위기 조성
2. 지휘관의 지휘방침	2. 개인의 역량 강화	2. 최강의 전투임무수행능력 발휘의 토대구축
3. 전투력 증진	3. 비전 수립(설계)	3. 병영문화 개선의 중추적 역할에 기여

4) 프로그램 진행 시간의 실제

프로그램의 실제에서는 프로그램을 진행하는 유의할 점을 간략히 기술하면 다음과 같다.

먼저, 시간 조정에 관한 것이다. 프로그램 진행 중, 일부 진행의 특성에 따라 시간이 부족한 경우, 사전에 양해를 반드시 구하고 진행해야 한다. 집단에서 배우는 것 가운데 하나는 규칙의 준수이며, 따라서 집단 진행 또한 시간 규칙 속에 이루어진다는 것을 학습하도록 조력해야 한다.

두 번째로, 각 집단 활동의 기대효과에 대한 명확한 이해가 있어야 한다. 본 프로그램은 개인과 부대의 목표를 동시에 달성하기 위한 것으로, 각 회기마다 부대에서 달성하고자 하는 목표 가치들이 기술되어 있다. 따라서 프로그램 운영이나 소감 나누기가 진행될 때, 지도자는 각 기대 가치들이 명확히 인식되거나 이해할 수 있도록 조력하는 일이 필요하다. 이상에서 논의한 프로그램을 실제 진행 시간 순별로 살펴보면 다음과 같다.

2. 프로그램 진행의 특징

본 프로그램은 군 장병들의 부대 적 능력을 향상시키고, 안정적인 병영생활을 영위하며, 존중과 배려의 병영문화 창출에 기여하기 위한 것이다. 이를 위해서는 신세대 장병의 특성을 이해하고, 참여관찰식 교육을 통해 교육효과를 극대화해야 한다.

신세대의 경우, 자기중심적이며, 즉흥적이고, 질서 및 규범의 의식이나 권위에 대한 의식이 부족하다. 이는 감성중심, 수요자중심, 정보중심 사회에서 성장한 청년들의 특징을 잘 반영하고 있다.

이들을 위한 교육과정은 감성중심의 교육(Fun-based Education) 혹은 감동중심의 교육(Inspirational Education)이어야 하며, 지속적인 동기유발과 자신감의 고취, 나아가 스스로 교육과정을 만들어 가고 있다는 인식을 제공할 때 가장 효과적으로 진행될 수 있다.

따라서 본 프로그램은 '재미있다', '해볼만하다' 는 등의 관심을 가지고 적극 참여하도록 함으로써 군복무에 대한 긍정적 기대감을 촉진하고, 조기 부대적응 능력을 강화해 나가도록 진행한다.

3. 프로그램의 실제

제1회기 - 입소 및 오리엔테이션

◇ 목　　표 : 프로그램의 목표를 이해하고 참가방법을 이해한다.

◇ 부대목표 : 교육훈련 참가 자세의 확립

◇ 활　　동

- 참가자들에게 인사를 나눈다.
- 집단지도자 소개를 한다.
- 프로그램을 시작하기 전에 오리엔테이션과 서약서 작성방법을 알려준다.
- 개인과 부대목표를 설정한다.
- 참가자들은 아래의 서약서를 5번까지 함께 읽는다.
- 서약서의 6번을 작성한다.
- 보증인 서명을 받는다.
- 예명을 선물한다.

활동 1 : 오리엔테이션

— 참가자들에게 "만나서 반갑습니다."

— 나는 여러분들과 9회기에 걸쳐서 집단상담을 운영할 집단지도자 000입니다.

— 여러분들이 오늘 처음으로 본 프로그램에 입소하였기에 간단한 오리엔테이션과

— 참가 서약서 작성방법을 알려드리겠습니다.

— 집단목적 및 참가규칙 설명 혹은 선정을 합니다.

— 이러한 것을 명확히 하기 위해 다음과 같은 서약서를 작성하겠습니다.

활동 2 : 서약서 작성

— 서약서 작성하는 방법과 그 중요성을 설명합니다.

— 서약서의 1번부터 5번까지 내용을 숙지하고 다짐합니다.

— 6번은 본 프로그램에 참여하면서 성취하고자 하는 개인목표를 적습니다.

— 보증인에게 서약서 내용을 설명하고 서명을 받습니다.

활동 3 : 예명 선물하기

— 예명은 미래지향적이고, 희망과 비전을 갖도록 본인의 이름을 지어줍니다.

— 예명을 선물할 때 그 의미를 설명합니다.

◆ 진행절차

오리엔테이션

❖ 상담 목표

- 신세대 장병의 성장과 발달을 돕는 부대 분위기 조성
- 최강의 전투 임무수행능력 발휘의 토대 구축
- 병영문화 개선의 중추적 역할에 기여

❖ 오리엔테이션

- 상담이란 무엇인가?

- 집단상담이란 무엇인가?

— 지도자는 집단원에게 계절 등을 포함한 인사를 한다.

"만나서 반갑습니다. 나는 여러분과 함께 1박 2일 동안 본 프로그램을 운용할 집단 지도자 000입니다."

— 지도자는 집단원들의 좌석배치 및 상황을 파악한다.

"옆에 계신 분들을 서로 잘 아시나요?"

"오늘 처음 만난 분들도 계시죠?"

"오늘 여기에 무엇을 한다고 알고 왔습니까?"

"오늘 여기에 어떠한 기대를 가지고 오셨나요?"

"저는 지금 여러분을 만나서 마음이 설레입니다. 여러분들의 지금 마음은 어떠신가요?"

— 집단원들에게 상담에 대해 질문을 한다.
"상담하면 어떠한 생각이 드십니까?"
"상담에 참여한 적이 있습니까?"
"개인상담과 집단상담의 차이점은 무엇일까요?"

상담이란 상담자와 내담자가 만나서 구체적으로 나의 마음을 알아가는 과정이라고 한다면 군 상담은 일반적으로 병사가 상급자인 간부에게 자신의 애로되는 사항이나, 희망사항을 요구하여 자신의 욕구를 충족하는 과정이며, 집단상담은 '작은 수의 비교적 정상인들이 한 두 명의 상담전문가의 지도아래 집단 또는 상호관계성의 역학을 토대로 하여, 신뢰롭고 수용적인 분위기 속에서 개인의 태도와 행동의 변화를 가져오게 하여, 한층 더 높은 수준의 개인의 성장발달 및 인간관계 발달의 능력을 촉진시키기 위해 이루어지는 역동적인 대인관계의 과정' 을 말합니다. 군 집단상담은 신세대 장병의 성장과 발달을 돕는 부대 분위기를 조성하여, 최강의 전투 임무수행능력 발휘의 토대를 구축하고, 병영문화 개선의 중추적 역할에 기여하기 위해 실시하는 상담방법입니다. 즉 '군의 내부에서 일어나는 집단역동을 바탕으로 개인과 부대의 목표를 달성하도록 조력하는 일련의 전문과정' 을 말합니다.

따라서 일반 집단상담은 집단을 통해 자기 자신을 알아 가는데 목표를 두지만, 군 집단상담은 군인으로써 복무를 하고 있는 특수한 집단이므로 개인의 역량을 모아, 전투력을 발휘하는데 그 목표를 두고 있다는 점에서 다소 차이가 있습니다.

따라서 본 프로그램은 '재미있다' , '해볼 만하다' 는 등의 관심을 가지고 적극 활동에 참여하도록 함으로써 군 복무에 대한 긍정적 기대감을 촉진하고, 조기에 부대적응 능력을 강화해 나가도록 다음과 같이 구성되어 있습니다.

여러분이 가지고는 있는 워크북의 일정표를 보시겠습니다.

<table>
<tr><th colspan="2">첫째 날 (나를 발견하는 날)</th><th colspan="2">둘째 날 (성숙하는 날)</th></tr>
<tr><td rowspan="4">08:00~
11:50</td><td rowspan="4">-</td><td>08:30~
09:20</td><td>* 성공 시나리오 만들기</td></tr>
<tr><td>09:30~
10:20</td><td>* 감사와 사과의 쪽지 나누기 및 담요 덮어주기</td></tr>
<tr><td>10:30~
11:20</td><td>* 병영생활 실천계획서 작성</td></tr>
<tr><td>11:20~
12:00</td><td>*소감문 작성 및 종결</td></tr>
<tr><td>12:00~
12:50</td><td colspan="3">점 심</td></tr>
<tr><td>13:00~
13:50</td><td>* 집단상담 소개 및 OT
* 예명 선물하기
* 서약서</td><td rowspan="7"></td><td rowspan="7"></td></tr>
<tr><td>14:00~
14:50</td><td>* 나는 누구인가?</td></tr>
<tr><td>15:00~
15:50</td><td>* 부대광고 만들기
(신뢰감 형성)</td></tr>
<tr><td>16:00~
17:50</td><td>* 인생 등고선</td></tr>
<tr><td>18:00~
18:50</td><td>저 녁</td></tr>
<tr><td>19:00~
19:50</td><td>* 행복했던 경험나누기</td></tr>
<tr><td>20:00~
20:50</td><td>* 군가족에 대한 기쁨과 감사 찾기</td></tr>
</table>

오늘은 '나를 발견하는 날' 입니다.

1회기는 오리엔테이션 시간으로 서약서를 작성하고, 예명 선물하기를 통해서 만남의 시간을 갖는 회기입니다.

2회기는 자기 소개를 하는 시간으로 자신에 대한 통찰을 얻는 시간입니다.

3회기는 부대광고 만들기를 하면서 집단원 상호간의 신뢰를 쌓고, 부대의 특성에 대한 이해를 높이는 시간입니다.

4회기는 인생 등고선을 그리면서 자신의 삶의 전체를 되돌아보는 시간을 가지도록 하겠습니다.

5회기는 행복했던 경험을 서로 나누고, 자신의 긍정성을 강화하는 시간입니다.

6회기는 군 가족에 대한 기쁨과 감사 찾기를 통하여 함께 생활하는 사람들의 소중함을 자각하는 시간입니다.

다음 날은 오늘 발견한 나를 성숙시키는 날입니다.

7회기는 성공시나리오 만들기를 통해서 생애설계를 하고,

8회기는 전우에게 감사와 사과 쪽지를 나누면서 담요를 덮어주며,

9회기는 병영생활실천계획서를 작성하는 것을 통하여 군 훈련을 사회역량과 연계시켜 필요한 역량계발의 기회로 삼고, 국가와 사회에 대한 책임감을 고양함으로써 복무 중에 자기목표와 부대목표를 달성하게 합니다.

10회기는 소감문 작성 및 종결 회기로서 전체 참여 소감과 개인적 목표달성 및 미완결 과제에 대해 이야기를 나누는 시간입니다.

서약서 작성

— 아래에 있는 서약서를 함께 읽는다.

서 약 서

나는 집단상담에 참여함에 있어서 다음 사항을 성실히 지킬 것을 약속합니다.

1. 프로그램에 진지하게 참여하겠습니다.
2. 집단원의 비밀을 남에게 알리거나 이용하지 않겠습니다.
3. 다른 집단원의 생각을 존중하겠습니다.
4. 나의 발전을 위해 모든 노력을 다 하겠습니다.
5. 집단원들의 발전을 위해 적극적으로 돕겠습니다.
6.

200 년 월 일

이름 : (서명)

보증인 :

— 1번부터 5번까지 읽고 난 다음, 6번을 시작할 때에는 다음과 같은 요구를 한다. 6번은 비어있지요? 여기에는 자기 자신이 교육을 마칠 때 까지 달성하고자 하는 것이나, 얻고 싶은 목표가 있으면 그것을 적는 란입니다. 자신에게 부족한 것을 달성하기 위해 노력하고 싶은 것을 적으면 됩니다.

— 본인은 날짜와 이름을 쓰고 서명을 합니다.

— 보증인의 서명을 받습니다.

㉠ 프로그램에 진지하게 참여하겠습니다.

비자발적인 내담자를 자발적인 내담자가 되도록 설명한다. 또한 바쁜 부대업무 가운데 개인의 성장을 위하여 귀한 시간을 내어준 부대에 대하여 고마운 마음을 갖도록 한다.

㉡ 집단원의 비밀을 남에게 알리거나 이용하지 않겠습니다.

특별히 강조하여 허용적이고 보호받을 수 있는 안전한 분위기를 조성한다.

㉢ 다른 대원의 생각을 존중하겠습니다.

상대방의 이야기에 비판이나 비난 또는 설교나 교육을 하지 않고, 있는 그대로 존중과 수용하며 잘 반응할 수 있도록 예를 들어 설명한다.

㉣ 나의 발전을 위해 모든 노력을 다 하겠습니다.

1박 2일 동안 함께하는 이 시간이 삶의 과정에 있어서 자기 자신뿐만 아니라, 지도자나 다른 구성원들에게도 소중한 경험이 될 것임을 알리고, 적극적으로 실험을 해 봄으로써 많은 유익을 가져가도록 권유한다.

㉤ 집단원들의 발전을 위해 적극적으로 돕겠습니다.

상대방을 사랑하고 도움을 주고자 하는 마음에서, 나 - 전달방법으로 솔직한 피드백과 긍정적인 지지를 적극적으로 할 수 있도록 권유한다.

㉥ 1박 2일동안 달성하고자 하는 목표를 적는다(나는 ~을 할 수 있다).

— 집단원에게 보증인 란에 서명을 받는다.

— 다 같이 오른손을 들고 선서를 한다.

예명 선물하기 작성

❖ 예명선물하기

1) 진행절차 1

예명을 선물할 때는 여러 가지 방법이 있겠으나, 경험상으로는 옆 동료에게 희망과 기쁨을 주면서도 특성을 잘 나타도록 하여 선물하는 것이 좋습니다. 이때 예명은 형용사형으로 짓는 것이 무난합니다. 예를 들면, '굳건한, 성실한, 솔직한, 핸섬한, 자상한, 배려한, 기타' 등등입니다. 때로는 장난끼가 발동하여 '어리버리한, 멍청한' 등의 예명은 부정적인 이미지를 심어주므로, 진행과정 중에 긍정적이고 희망과 기쁨을 주는 예명을 선물하도록 하면 효과적으로 진행할 수 있습니다.

예명짓기가 모두 끝나면 직접 달아주도록 하고, 돌아가면서 예명을 지은 사연을 발표를 하게 합니다. 또한 선임인 경우에는 ~님, 후임인 경우에는 ~ 씨라고 호칭을 하게 합니다.

소개하는 방법은 "저는 ~입니다." 하고 기억할 수 있도록 자기소개하면서 알려주게 합니다. 집단원의 생각나는 대로 외어보라고 해서, 예명을 많이 암기하는 집단원에게는 상을 주는 방법도 좋은 방법입니다.

2) 진행절차 2

— 옆에 짝궁과 서로 이야기 하면서 서로 예명을 지어줍니다.

- 예명은 긍정적으로 지어주고, 불러서 기분 좋은 단어로 지어줍니다.
- 형용사의 단어를 써서 성공하고 싶은 목적성 표현으로 지어줍니다.

— 예명을 선물하기가 끝나면 예명을 지어 준 이유를 이야기 하게 합니다.

- 이때 예명을 받는 사람이 예명이 마음에 들지 않을 경우 정중하게 거부하고 다시 부탁 할 권리가 있습니다.
- 선물하는 전우는 다시 상의하여 예명을 다시 지어줍니다. 예명은 자신이 자기 자신에게 직접 선물할 수 도 있습니다.
- 두 사람 서로 예명을 짓지 못 할 경우 조원들에게 도움을 청해 선물을 받을 수 있습니다

3) 진행절차 3

— 조별로 서약서에 서명을 한 인원이 한 명씩 돌아가면서 예명을 선물합니다.

— 예명에 대해서 설명을 합니다.

— 예명은 우리들이 살아가면서 예금을 하는 것과 같은 느낌입니다.

— 예금을 하는 이유를 집단원들에게 물어보기도 합니다.

— 예금은 필요할 때 꺼낼 쓸 수 있는 경제적 도구입니다.

— 예금이 많이 되어 있으면 예상치 못한 불행이 있을 때 금전적으로 도움을 받으므로 해서 편안한 삶을 생각할 수 있습니다.

— 예명은 나의 미래에 희망이 있는 이름으로 삶에 힘과 용기와 마음적으로 도움

을 받아 삶이 편안해짐을 설명합니다.

— 예명은 받는 사람이 6번을 잘 실행할 수 있는 희망이 들어간 긍정적인 형용사로 지어줍니다. 이것은 규칙입니다.

— 예명을 모두 선물 받았으면 받은 사람과 준 사람이 앞으로 나와서 준 사람은 예명에 대한 설명을 합니다.

— 칼라 위의 높은 부분에 선물을 준 사람이 받는 사람에게 다시 달아줍니다.

— 이때 중대원들은 모두 박수를 칩니다.

— 모든 중대원들이 예명을 받고 주게 됩니다.

제2회기 - 나는 누구인가?

◆ 목 표 : 자기 소개를 통하여 자신과 타인에 대한 이해를 높인다.

◆ 부대목표 : 상호 이해의 증대 및 팀웍 기초 형성

◆ 활 동

❖ 자기소개
- 나는 누구인가?

활동 1 : 자기 소개서 작성

1) 진행절차

자기소개는 여러 가지 방법으로 할 수 있겠지만 학력과 문화적인 것 등 개인차가 발생할 수 있고, 경우에 따라서는 경제적인 수준에 따라 차이가 있을 수도 있습니다. 그러므로 집단원들의 생각을 보편적으로 일치시키는 차원에서 정형화를 시키는 것이 좋겠습니다. 다음 항목에 따라 생각해봅시다.

— 내가 보는 나는 어떤 사람인가?

— 다른 사람은 나를 어떤 사람이라고 말하나?

— 내가 모델링을 한다면 그는 누구인가?

① 나를 동식물에 비유한다면?

② 나의 매력 포인트는 무엇인가?(구체적으로)

③ 다른 사람이 보는 나는?(동료, 후배, 선임)

④ 부모님이 보는 나는 어떤 사람인가?

⑤ 내가 원하는 것은?(꿈, 희망, 비전)

⑥ 내가 열심히 병영생활을 하는 이유는?

⑦ 나는 어떤 사람이 되고 싶은가?

⑧ 나의 자랑거리는?(기쁨, 감사)

⑨ 나는 어떤 사람인가 자기소개를 하겠습니다.

2) 진행사례 1

♣ 나는 누구인가?

ⓐ 나를 꽃에 비유한다면 무슨 꽃인가?

ⓑ 나를 동물에 비유한다면 무슨 동물인가?

ⓒ 내가 나를 평가한다면?

ⓓ 부모님은 나를 어떻게 생각하고 계실까?

ⓔ 친구들은 나를 어떻게 생각하고 있을까?

ⓕ 동료들은 나를 어떻게 생각하고 있을까?

ⓖ 간부님들은 나를 어떻게 생각하고 계실까?

ⓗ 군 복무 중에 꼭 성취하고 싶은 것은 ?

ⓘ 군 복무하는 동안 내가 갖고 있는 습관 중에 고치고 싶은 것은?

ⓙ 나는 내가 ______________________________ 굳게 믿고 있다.

집단 리더자는 ⓐ항부터 ⓙ항까지 읽어주며 쓰는 것을 보면서 속도를 맞추는 것이 좋으며, 때로는 "시간이 더 필요하신 분 있으세요?"하면서 문제해결을 하는 시간을 부여하는 것도 하나의 방법도 됩니다.

3) 진행사례 2

♣ 나는 누구인가?

1. 홍 길 동	2. 백 두 산	3. 한 라 산
① ② ③ ④ ⑤ ⑥	① ② ③ ④ ⑤ ⑥	① ② ③ ④ ⑤ ⑥
4. 지 리 산	**5. 금 강 산**	**6. 무 등 산**
① ② ③ ④ ⑤ ⑥	① ② ③ ④ ⑤ ⑥	① ② ③ ④ ⑤ ⑥
7. 천 등 산	**8. 팔 영 산**	**9. 수 리 산**
① ② ③ ④ ⑤ ⑥	① ② ③ ④ ⑤ ⑥	① ② ③ ④ ⑤ ⑥

A-4 양식 안에 기록해야 하는 내용은 아래와 같습니다.

① 내가 가장 좋아하는 색깔은? ② 내가 가장 좋아하는 소리는?
③ 내가 가장 좋아하는 음식은? ④ 내가 가장 잘하는 것은?
⑤ 내가 성취하고 싶은 것은? ⑥ 내가 가장 듣기 싫은 소리는?

집단 구성원이 9명인 경우에는 A4용지를 9등분을 하고, 10명인 경우에는 A4용지를 12등분으로 나눕니다. 縱(종)으로 하던지, 橫(횡)으로 하던지 상관할 필요는 없습니다.

작성하는 요령은 다음과 같습니다. 첫 번째는 항상 본인을 기록하고, 두 번째 부터는 돌아가면서 모두 이름과 개인별 ① ~ ⑥번까지 번호를 적게 합니다. 그리고 번호 순대로 적게 합니다.

작성이 완료되면 모두 회수를 한 다음, 5번에 있는 사람이 1번을 소개할 수 있도록 합니다. 이어서 소개가 끝나면 가장 인상 깊은 사람이 누구였느냐고 질문하여 선발된 사람에게는 선물을 줘서 참여의식을 갖게 하면 좋습니다. 그리고 縱(종)으로 작성한 사람과 橫(횡)으로 작성한 사람들이 누구냐고 질문을 합니다. 縱(종)으로 작성한 사람은 그렇게 한 사유를, 橫(횡)으로 작성한 사람도 그 사유를 물어봅니다. 나름대로의 의견을 존중해 줍니다.

4) 진행사례 3

ⓐ 자리바꾸기

얼음깨기로 "손님 초대하기 게임"을 합니다. 미리 한 자리를 비워놓습니다. 빈자리 바로 옆에 앉은 두 사람이 손을 잡고 누군가를 데리고 옵니다. 그러면 또 빈자리의 양쪽사람이 또 손잡고 다른데서 손님을 초대하러갑니다.

(처음은 시범게임이었습니다)

노래가(퐁당퐁당 2번) 다 끝날 때 자기 옆 자리가 비어있는 두 사람은 앞으로 나와서 모두를 즐겁게 합니다. 당사자가 너무 어려워하면 흑기사를 초청하여 대신할 수 있도록 허용합니다.

— 이 게임을 통하여 친한 사람들끼리 앉았거나, 계급 순으로 앉은 자리를 골고루 섞어 놓을 수 있습니다. 그리고 지도자는 집단 구성원 중 누가 인기가 있는지, 실질적

인 힘을 가지고 있는지, 분위기 메이커인지, 아니면 소극적인지 등 개인적인 특성과 집단 전체적인 분위기를 어느 정도 파악할 수 있습니다.

ⓑ 파트너 소개하기

A4용지를 활용합니다. 지도자의 지시에 따라서 어떠한 모양으로 접게 합니다(관심이 지도자에게 모아지며 분위기가 정리되며 집중된다). 각 칸마다 제목을 적게 합니다.

— 고향이야기

— 가족 이야기

— 되고 싶은 미래

— 가장 좋아하는 것, 가장 싫어하는 것

— 소원 #1

— 소원 #2

— 나를 동물에 비유한다면?

— '다른 사람들이 생각하는 나는 어떤 사람일까?' 를 각각 적게 합니다.

시간이 부족하면 각자가 쓰는 작업은 생략하고, 바로 둘씩 짝지어 위의 내용에 대하여 나누는 것도 좋습니다. 이때 집단 구성원 중 가장 친하지 않는 두 사람씩 함께 앉도록 독려하여 이야기를 통하여 서로 나누도록 합니다. 미리 접어 둔 종이에 파트너의 정보를 적으면서 들어도 좋습니다.

15분 정도의 시간이 지나면 자리를 정돈하고 한 사람씩 돌아가며 자신의 파트너를 소개하도록 합니다.

— 많은 병사들이 대화하는 법, 특히 상대방의 말에 반응하는 법을 잘 모르는 경향이 있다. 대화를 잘 하면 익숙한 사람을 친한 사람으로 바꾸는 계기가 될 수 있습니다. 그러므로 지도자는 상대방의 말을 잘 따라가며 언어적, 비언어적으로 매칭(matching)하는 법과 질문하는 법을 가르쳐 주어 이번 기회에 연습을 해 볼 수 있도록 격려하는

것도 좋습니다. 이것은 또한 듣는 이에게는 성장하는 계기가 되며 말하는 이에게 치료적인 효과를 가져 올 수도 있습니다.

ⓒ 마음나누기

지도자가 처음에 가장 친하지 않은 사람끼리 짝을 지어 앉으라고 할 때 대부분의 집단원들은 "우리들은 다 친해요, 서로 다 알아요"라고 말하는 경우가 많습니다. 이 작업을 끝내고 마음나누기를 할 때는 다른 이야기들이 나오는 것을 자주 볼 수 있습니다.

> "지금까지 1년여 동안 함께 하면서 이 전우에 대하여 다 안다고 생각했었는데 막상 이야기를 나누고 보니 내가 모르는 것이 많았습니다",
> "동기라서 정말 가깝고 친했는데 모르는 것이 있어서 놀랐습니다",
> "누군가가 나와 마주 앉아 내 삶의 이야기를 진지하게 들어주고 관심을 갖고 질문해 주니까 기분이 정말 좋고 마음이 따뜻해졌어요",
> "내가 나에 대하여 사람들 앞에서 소개한다면 쑥스러울 것 같은데 다른 사람이 나에게 대하여 잘 소개를 해주니까 기분이 좋고, 또 다른 사람들에 대해서도 알게 되니까 더 가까워진 것 같아요",
> "다른 사람에게 나에 대해서 이야기 해보는 것이 처음입니다(처음 해보니까 어떠셨어요?). 괜찮은 것 같아요. 앞으로는 좀 더 편하게 할 수 있을 것 같습니다", "재미있는 시간이었습니다."

제3회기 - 부대광고 만들기

◆ 목　　표 : 집단내 신뢰를 형성하고, 군인으로서의 자긍심과 명예심을 높인다.

◆ 부대목표 : 전우애를 함양하고, 부대에 대한 명예심과 윤리성을 고취시킨다.

◆ 활　　동

- 프로그램을 시작하기 전에 진행방법을 알려준다.
- 개인과 부대목표를 설정한다.
- 집단원들에게 각자 임무를 분담하여 전원이 참여하도록 유도한다.
- 광고의 소재는 부대임무와 특성 및 병영생활 등에서 찾아내도록 한다.
- 사회와 달리 군인들이 발휘할 수 있는 역량을 찾도록 한다.
- 활기차고 즐거운 부대자랑을 통하여 친밀감과 단결력을 도모한다.

부대광고 만들기 프로그램

❖ 부대광고 만들기(신뢰감 형성하기)

화성에서 우주인들이 우리 부대를 방문하러 온다는 연락을 받았다. 우리 부대는 화성인들이 도착하기 전에 우리부대를 홍보하기 위해 3분짜리 광고를 만들기로 하였다.

- 조건 1 : 모든 구성원들이 빠짐없이 참여해야 한다.
- 조건 2 : 노래와 춤이 포함되어야 한다(언어는 통하지 않습니다).
- 조건 3 : 훈련명칭과 부대특성을 고려하여 광고물을 제작한다.
- 조건 4 : 준비시간은 15분이다.

1) 진행절차 1

㉠ 조를 구성하여 진행을 할 경우

㉡ 3인 혹은 4인으로 조를 구성하여 조별로 광고를 만들어 진행하기도 하고,

㉢ 계급별로 조를 구성하였을 경우에는 상급자와 하급자의 구분에 따른 부대생활의 특성을 알아볼 수도 있습니다.

㉣ 집단원 모두가 참여하고 집단지도자가 지구인이 되어서 참여할 수도 있습니다.

— 광고는 예를 들어서 이런 효과가 있습니다.

어느 날 저녁 나는 가족들과 혹는 부대에서 회식을 하여 매우 푸짐하게 식사를 하고 귀가를 하여, 포만감에 뿌듯한 마음으로 휴식을 취하기 위해 TV를 켰더니 TV화면에 예쁘고, 날씬한 여배우가 라면을 맛있게 먹는 장면이 나옵니다. 이럴 경우에 여러

분은 어떤 마음이 들까요. TV에 나오는 여배우가 라면이 맛있다는 말을 하지 않았습니다. 라면이 맛있다는 문구가 나오지도 않았습니다. 그러나 광고를 보는 나는 라면을 먹는 행동을 보면서 맛있다는 생각을 하며, 라면을 먹어도 여배우처럼 살이 찌지 않는다는 생각을 하게 됩니다. 마찬가지로 부대광고 만들기에는 말을 하지 않고, 집단원 모두 참여를 하여 1인 1역 이상을 합니다. 또한 춤과 음악이 들어갑니다.

광고 만들기 준비시간은 15분입니다. 준비와 연습을 위한 장소 이동은 가능 하지만, 시간은 꼭 지켜주시기 바랍니다. 앞으로 15분 후 이 자리에서 만납니다. 혹시 진행과정에 대한 질문있으면 질문해 주세요.

2) 진행절차 2

부대 소개하기는 동료들 간의 신뢰감을 형성하기 위한 프로그램입니다. 모든 구성원들은 각자 자기의 아이디어를 내어 놓고, 이를 종합해서 멋진 작품을 만드는데 협조해야 합니다.

㉠ 어느 한 집단원에게 시나리오를 읽게 합니다.

㉡ 시나리오 내용

화성에서 우주인들이 우리 부대를 방문하러 온다는 연락을 받았다. 우리 부대는 화성인들이 도착하기 전에 부대를 홍보하기 위해 3분짜리 광고를 만들기로 하였다.

㉢ 집단원들이 질문을 하면 "알아서 하세요", "그것도 알아서 하세요" 하면, 자기들끼리 의논을 하며 지혜를 모아가는 것을 볼 수 있습니다.

㉣ 단지 진도를 보면서 "몇 분 남았습니다" 하고 시간만 알려주면 됩니다.

㉤ 진행하는 동안 "시간을 조금만 주십시오" 하고 요청하면 "5분만 더 드리지요" 하고, 약속한 시간을 연장하여 "자! 화성인이 도착하였습니다. 시작하시죠!" 하면 됩니다.

㉥ 집단 지도자는 진행하는 동안 집단원들의 얼굴표정, 서로 지혜를 모아가

는 과정, 서로 간의 의견을 모아 이끌어 가는 모습을 관찰하면서 강평할 준비를 합니다.

ⓢ 부대 소개하는 프로그램의 기대효과는 집단원들 간의 긍정적인 면을 서로 조망하도록 지도하고, 부대특성을 고려한 전문성을 고취하게 하며, 선임과 후임 간의 참여의식과 동료의식을 발휘하게 하는 것을 스스로 느끼게 합니다.

ⓞ 집단지도자의 평가는 "서로의 의견을 존중하고, 지혜를 모아가는 과정이 매우 보기 좋았다, 앞으로도 무슨 훈련이나, 일이 생길 때 이러한 경험을 바탕으로 해보기 바라고, 선임과 후임 모두 참여하는 자세가 진지하여 나 또한 놀랐다, 젊은이들이라서 그런지 사고가 긍정적이고 개방적인 태도가 돋보였다, 짧은 시간이었지만 소재가 참신하고 창의적이었다"는 등 특징적인 것을 골라, 나름대로 느낀 점을 이야기를 하고 나서 서로의 느낀 점 등 의견을 나누게 하고 칭찬을 해 줍니다.

3) 진행절차 3

타인과의 관계에서 자신을 어떻게 표출하고, 또 어떻게 상대를 이해하고 수용하고 있는지를 체험할 수 있다. 친밀감을 형성하고 협동을 통한 결속력을 강화할 수 있습니다. 집단원에 커다란 전지 1장과 미술도구(크레용)를 나누어 준다. 지금부터 집단원 조별로 한 장의 공동화를 그릴 것이라고 말해줍니다. 규칙은 그리는 동안 아무 말도 하지 말 것, 순서대로 돌아가면서 한 사람이 한 번 이상 그릴 것, 남의 그림에 덧붙이거나 침범할 때는 그 사람의 양해를 반드시 해야 합니다. 다 그린 다음 완성된 그림을 보면서 자신이 그린 그림에 대해 설명을 하고, 집단원들이 의논하여 전체 그림에 대해 제목을 정하도록 합니다. 그림을 통하여 공동활동에 가치를 두고, 자신의 그림이 공동활동에서 어떤 의미를 갖는지 알게 하고 아래와 같이 발표를 합니다.

4) 진행사례 1

○ 제목 : 하이마트 ― 00부대 마트

"시간 좀 내줘요."

"갈 때가 있소."

"아니~ 그럼 지금."

"좋아요."

"근데 낙하산은 어디에 ~ 00부대!"

○ 제목 : 새우깡 광고노래

"답답해요 답답해 내 마음이 답답해, 언제든지 말해요"

"필승00부대 존중과 배려가 있는 00부대입니다."

5) 진행사례 2

○ 제목 : 심폐소생술과 낙하훈련

ⓐ A조

- ① 민간인 ② 음향 ③ 군인
- 심폐소생술 표현
- 지나가던 민간인이 갑자기 쓰러지고 군인 2명이 부축을 하고 심폐소생술을 시현하고, 잠시 후 민간인이 웃으면서 걸어갑니다.

ⓑ B조

- 낙하훈련을 통한 자신감 표현하고,
- 처음 낙하훈련 장면을 시연합니다.
- 무언가에 매달리면서 안하려고 하고 떨고 있는 장면 연출합니다.
- 훈련 후 자신감있게 손으로 'V' 표시를 하면서 낙하 훈련을 실시하는데 단결로 뭉친 성벽을 뚫고 들어가는 담대함과 성취감을 느낍니다.
- 그리고 포기하지 않고 도전하는 인내력과 온몸으로 부딪히는 친밀감으로 같이 땀을 흘리는 함께하는 시간입니다.

제4회기 - 인생 등고선 그리기

◆ 목　　표 : 지난 삶의 경험을 통하여 자기이해와 수용으로 인내심을 고양한다.

◆ 부대목표 : 개인의 역경과 실패의 극복을 재구성하여 부대목표를 향한 책임감 함양

◆ 활　　동

- 프로그램의 진행방법을 알려준다.
- 과거, 현재, 미래의 삶을 전체적으로 조망하게 한다.
- 과거의 행복 및 불행했던 경험들을 현재의 성장으로 재구성한다.
- 과거의 고통을 벗어나, 지금-여기에서 책임있는 선택을 하게 한다.
- 자신의 미래를 긍정적으로 바라본다

인생 등고선 그리기

❖ 인생 등고선 그리기

※ 여태까지 살아온 자신의 삶을 되돌아보면서 행복[성공]했던 일과 불행 [실패]했던 일로 나누어 기록하고 +5부터 -5까지 나타내 봅시다.

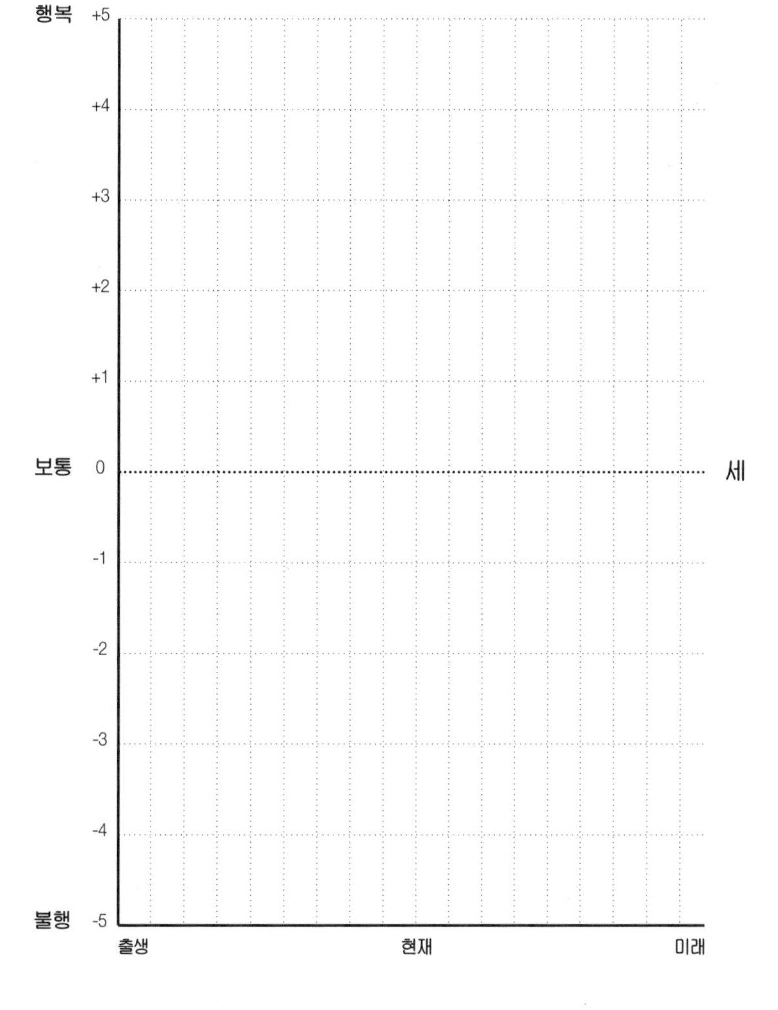

1) 진행절차 1

집단 지도자는 집단원들 중 한 두 명에게 '지금까지 살아오면서 기뻤던 일이 많이 있었을텐데, 그 중 가장 기뻤던 일이 무엇이었는가' 를 질문을 합니다. 지지와 격려를 하고난 다음 프로그램을 진행합니다.

이번 프로그램은 여러분들이 여태껏 살아오면서, 자신의 삶을 되돌아보며 행복[성공]했던 일과, 불행[실패]했던 일들을 기억해서 나누어 기록하는 것으로 행복한 기억은 0에서 +5까지, 불행한 기억은 -5까지 나타내 봅시다. 작성하는 요령은 다음과 같습니다.

㉠ 0의 숫자를 기준으로 하여 2, 4, 6 ~ 자기 나이까지 짝수로 기록하게 합니다.

㉡ 자기 나이가 초과되면 10년 간격으로 적게 하여 90세정도 기록하게 합니다.

㉢ 자기 나이까지는 사실에 기초하여 기록하고, 30이후에는 나이 삶을 예측하여 기록합니다.

㉣ 현재 우리나라 평균수명은 79.5세인데, 불과 2년만에 0.8세가 증가하였지요. 이대로 가다 가는 20년 후에는 85세, 50년 후에는 거의 100세가 넘을 것입니다. 산책을 하거나 시장에 가고, 친구를 만나러 갈 때는 로봇 도우미가 안전하게 안내하겠죠? 스케줄 관리는 물론이고, 건강과 대부분의 일상업무는 로봇이 해 줄 것입니다.

㉤ 꼭지점마다 꺾이는 곳에 해당 내용을 간단하게 기록하게 합니다.

㉥ 발표할 때는 불행한 것은 하지 않고 불행했던 것은 번호를 쓰도록 합니다.

㉦ 돌아가면서 발표하고, 발표가 끝나면 중간에 공감과 배려, 지지와 격려를 적시적절하게 합니다.

㉧ 자기로 인해 불행했던 것이 있을까요? 이 세상에서 가장 용서하기 쉬운 대상은 누구일까요? 자기 자신입니다. 자기가 자신을 아끼고 사랑해야만 다른 사람들도 그 가치를 인정합니다. 따라서 자기로 인해 불행한 일이 있었다면 자기를 용서하는 차원에서 지워보기로 합시다. 이때 돌아다니면서 자존감을 세워주고, 정체감이 불안한 경우에는 격려해 주면서 칭찬해 주

며 우쭐댈 정도로 氣를 세워 줍니다.

2) 진행절차 2

㉠ 눈을 감고 태어나서 지금까지 행복했던 기억, 불행했던 기억, 그리고 미래의 모습까지도 그려보도록 합니다.

㉡ 눈을 뜨고 인생 등고선을 그리도록 한다. 등고선의 꼭지점에는 제목을 붙여두는 것이 나중에 발표할 때 수월할 것이라고 말해줍니다. 그리고 맨 오른쪽 아래 가로 안에 자신이 이 세상에 사는 기한을 추측하여 기록하게 합니다.

㉢ 한 사람씩 지도자의 자리로 나와서 자신의 인생 등고선을 보여주며 이야기하도록 합니다. 이때 지도자는 기쁨과 슬픔과 고통과 두려움 등으로 빚어진 한 사람의 가슴속에 묻어둔 보석 같은 이야기를 들을 때 겸허한 자세로 경청할 것을 당부합니다.

㉣ 이야기가 끝나면 집단원과 지도자는 질문, 공감 등의 반응을 할 수 있습니다. 특히 긍정적 스트로크를 많이 줄 수 있도록 격려합니다.

㉤ 발표한 사람에게 격려의 박수를 크게 보냅니다.

3) 진행절차 3

인생 등고선의 [ ] 는 10년 후의 자신의 모습입니다. 눈을 감고 태어나서 지금까지 행복했던 기억 불행했던 기억을 회상하도록 합니다.

㉠ 떠오른 사람은 가장 행복했던 점을 +5로, 가장 불행했던 점을 -5로 표시합니다.

㉡ 불행을 다루기에는 시간을 고려하여 진행할 수도 있습니다.

㉢ 기타의 경우 인생 등고선을 그리면서 인생의 행복했던 경험과 불행했던

경험을 통한 자기이해를 하면서, 불행은 언제나 슬픈 것이고 있어서는 안되는 것으로 숨기고 싶은 경험이지만, 최고의 불행한 점은 점점 더 불행으로 내려가는 것이 아니라, 행복한 삶으로 가는 모습을 볼 수 있습니다. 그렇다면 최고의 불행한 점에서 우리가 얻는 능력이 있다는 사실로 사고의 전환을 할 수 있습니다. 부모님들이 이혼을 했다는 사실로 자립심이 생기고, 가정의 경제적 파탄이 경제관념을 심어주며, 군에서의 힘든 훈련을 통해서 근력, 인내력, 지구력 등이 향상되는 기회가 됨을 알게 됩니다.

㉣ 가장 불행한 점 밑에 표시를 하고, 그 점에서 얻은 능력을 적도록 합니다.

㉤ 불행한 사건은 발표하지 않고 득한 능력을 발표합니다.

㉥ 모두 박수를 칩니다.

4) 진행사례 1

"나는 어린 시절부터 축구를 좋아했습니다. 12세 때에 축구선수 생활을 시작했습니다.
14세 때에는 실력이 향상되어 학교와 친구들에게 주목이 되었습니다. 중학교, 고등학교 시절에 행복했었습니다. 그렇지만 아버지의 사업 부도로 인해서 더 이상 축구생활을 도와주실 수 없었습니다. 막막하고 답답했습니다."
"힘들었겠네요"
"예, 대학에 축구선수로 가기를 원했습니다마는 그렇게 되지 않았습니다."
"도와주지 못했던 아버지를 어떻게 생각했습니까?"
"한번은 아버지께서 술을 잡수시고 들어오셔서 저의 손을 잡고 '도와주지 못해 미안하다' 고 했습니다. 아버지의 마음을 알 수가 있었습니다. "
"그렇지만 지금은 부사관으로 입대했던 것을 크게 기쁘게 생각합니다. 좋은 전우들을 만나 생활을 합니다. 앞으로 전역 후에 멋진 모습을 그려봅니다."

5) 진행사례 2

두 살 때 어머니는 아버지의 학대로 이혼을 하셨다고 들어서 기억한다고 합니다. 자신이 7살 때 어머니는 재혼을 하셨는데 그 새 아버지 역시 어머니를 학대를 심하게 하셨습니다. 자신 역시 심한 학대를 당했는데 그럴 때 마다 어머니가 안아주고 위로해 주셨던 기억이 있습니다. 빨리 성장하여 어머니를 지켜야지 생각하고 열심히 운동하여 17세 때 어머니를 보호해 드렸을 때, 어머니가 바라보시던 그 모습이 행복했습니다. 그 어머니가 지금 자신이 군에 있어서 고생을 하실 것을 생각하니…(왈칵 그 집단원의 눈에서는 눈물이 흘러내렸습니다. 조용히 지켜보게 하고 다른 집단원들이 다가가서 가만히 기대게 하자, 다른 집단원들도 공감되어 함께 감정에 젖었습니다).

한참 지나고 진정된 후 어머니는 아들에게 어떤 모습을 바라실까? 어머니를 걱정하며 바라는 것의 모습은 우는 모습일까? 늠름하게 군 생활을 이겨가는 아들 모습일까? 그 집단원은 그날 밤 어머니에게 편지를 쓴다고 했습니다.

어머니에게 씩씩하고 늠름한 아들의 모습을 글로 써 보내면 매우 기뻐하실 것이라며, 멋진 남자로써 군 복무를 해 갈 것이라고 했습니다.

제5회기 - 행복했던 경험나누기

◆ 목　　표 : 행복한 경험나누기를 통해 자기개방으로 군 복무간 좋은 자원으로 역량화

◆ 부대목표 : 상관에게 자발적으로 복종하고 군 복무간 긍정적인 태도로 군 임무수행에 기여

◆ 활　　동

- 프로그램의 진행방법을 알려준다.
- 인생 등고선에서 행복했던 경험을 원 가족과 군 가족에 초점을 맞춘다.
- 행복했던 경험들을 완성문 형태로 정리한다.
- 행복했던 경험들을 현재와 미래의 좋은 자원으로 만든다.
- 행복했던 경험들을 통하여 부모에 대한 순종적인 태도로 이끌어내서 군과 간부에 대한 자발적인 복종심으로 연결시킨다

행복했던 경험나누기

❖ 가장 행복했던 경험나누기	예명:

1) 진행절차 1

행복했던 경험나누기 인생 등고선에서 가장 행복했던 경험을 생각해 봅니다.

그 경험 안에는 사건이 있습니다. 몇 살 때 어떤 일이 있었습니다. 그 사건 안에는 등장인물도 있습니다. 행복했던 사건 속의 등장인물이 지금 나에게 미친 영향은 무엇일까요?

생각해 보고 발표합니다. 다른 사람의 이야기를 들으면서 지난 기억 잊혀졌던 기억들이 떠오르기도 합니다. 또한 행복했던 경험나누기를 하면서 "제 삶에는 행복했던 경험이 없습니다."라고 말하던 병사의 눈에는 행복이 떠오르기 시작합니다.

"나도 그런 때가 있었는데", "나 역시 그런 일로 행복했는데" 등등 공감 가는 부분들이 많은 것을 보면서 "다른 곳에서 다르게 태어났지만 여기 있는 중대원들은 똑같은 인간으로 행복했던 순간이나 불행했던 것이 비슷하구나"를 느끼면서, 생각을 조금씩 바꾸어 가는 병사들의 모습은 선임 후임의 관계가 각각의 하나하나가 아닌 우리가 되는 시간입니다.

소감은 집단을 하면서 발견한 자신의 새롭고 긍정적인 모습을 발표하도록 진행합니다.

2) 진행절차 2

행복은 나누면 더 커집니다. 함께 기뻐하고 격려하고 축하해 주게 되죠? 이번에는 여러분이 행복했던 경험이 참 많았을 텐데, 그 중에서 가장 행복했던 경험을 찾아보고 그 경험을 다시 한 번 경험해 보겠습니다.

㉠ 바르게 앉는다

㉡ 눈을 감고 심호흡을 한다

㉢ 정신을 집중한다

㉣ 가장 기억에 남는 행복했던 경험을 찾아봅니다(최근에 있었던 경험).

— 그 때가 언제인가요?

— 어떤 경험이 보이나요?

— 거기에 누가 있나요?

— 나는 어떻게 하고 있나요?

— 어떤 소리가 들리나요?(음악, 박수, 웃음소리 등)

— 느낌은 어떠한가요?(행복, 기쁨, 뿌듯함, 자랑스러움)

ⓜ 충분히 즐거운 행복한 경험을 했으면 눈을 뜨고 나옵니다.

ⓑ 활동지에 경험한 것을 써 봅니다(구체적으로 써 봅니다).

— 사건이 있습니다

— 등장인물이 있습니다.

— 영향을 받은 것이 있습니다.

— 그래서 행복합니다.

ⓢ 다 썼으면 행복한 경험을 나누어 보겠습니다.

ⓞ 모든 발표를 듣고 나서 느낌을 나누어 봅니다(공감, 배려, 격려 등).

3) 진행사례 1

앞의 인생 등고선 그리기 중 행복했던 경험 나누기에서 행복했던 일들 위주로 하여 작성을 합니다. 행복한 일들은 완성문 형태로 작성하게 합니다. 또한 대상에 따라 그림과 상징물을 추가하여 그리게 합니다. 진행정도를 고려하여 도움을 주도록 하며, 마무리가 되면 돌아가면서 발표를 합니다. 발표가 끝날 때마다 공감과 배려, 지지와 격려를 적시적절하게 합니다.

1. 행복에 대해서 이야기를 나눠봅시다. 행복의 기준은 무엇인가요?
2. 클로바의 꽃말은 무엇인가요? 여러분은 클로바가 잔뜩 자란 곳에서 네 잎 클로바를 찾아 본 적이 있을 것입니다.

3. 네잎 클로바의 꽃말은 무엇인가요? 행운에 대해서 이야기를 나눠 봅시다.
4. 그렇습니다. 행운은 어쩌면 우연한 기회에 내 곁에 와 있을 수도 있고, 두 번, 세 번도 올 수도 있으나, 단 한 번도 오지 않을 수도 있습니다. 단 한 번도 오지않을 수도 있는 행운을 잡기 위해 행복을 짓밟고 있는 것입니다.
5. 행복이 가득한 곳은 먼저 가정으로부터 출발한다고 합니다. 부모는 자녀를 기를 때 조건없이 출발하기 때문입니다. 부모와 자녀 간의 기대가 충족되는 한 행복은 지속된다고 합니다.
6. 인생 등고선에서 부모형제로 인해 불행했던 것이 있다면 이해하고, 용서하며 지웠으면 좋겠습니다. 그것은 부모형제의 탓이 아닐 것이라고 생각합니다. 일종의 어떤 욕심이며, 기대감 때문일 것입니다.

4) 진행사례 2

행복했던 경험나누기 인생 등고선에서 가장 행복했던 경험을 생각해 봅니다. 그 경험 안에는 사건이 있습니다.

1. 몇 살 때 어떤 일이 있었습니다. 그 사건 안에는 등장인물도 있습니다. 행복했던 사건 속의 등장인물이 지금 나에게 미친 영향은 무엇일까요? 생각해 보고 발표합니다. 다른 사람의 이야기를 들으면서 지난 기억 잊어졌던 기억들이 떠오르기도 합니다.
2. 행복했던 경험나누기를 하면서 "제 삶에는 행복했던 경험이 없습니다."라고 말하던 병사의 눈에는 행복이 떠오르기 시작합니다. "나도 그런 때가 있었는데", "나 역시 그런 일로 행복했는데" 등등 공감가는 부분들이 많은 것을 보면서, "다른 곳에서 다르게 태어났지만 여기 있는 중대원들은 똑같은 인간으로 행복했던 순간이나 불행했던 것이 비슷하구나"를 느끼면서

3. 생각을 조금씩 바꾸어가는 병사들의 모습은 선임 후임의 관계가 각각의 하나하나가 아닌 우리가 되는 시간입니다.
4. 소감은 집단을 하면서 발견한 자신의 새롭고 긍정적인 모습을 발표하도록 진행합니다.

제6회기 - 군 가족에 대한 기쁨과 감사찾기

◆ 목　　표 : 가족의 소중함을 알고, 자신이 귀중한 존재임을 인식한다.

◆ 부대목표 : 나와 군 가족 간의 상호존중과 배려로 군대예절을 준수한다.

◆ 활　　동

- 프로그램의 진행방법을 알려준다.
- 군 복무기간 중에 가족의 소중함을 일깨운다.
- 자신이 귀중한 존재임을 인식한다.
- 부모형제들에 대한 기쁨과 감사의 마음을 군 가족에게 연결한다.
- 군 가족들을 존중하고 군대예절을 지킨다.

군 가족에 대한 기쁨과 감사 찾기

⚜ 군 가족에 대한 기쁨과 감사찾기

1) 진행절차 1

군 가족이란 우리나라에서 군에 자식을 보낸 가정이라면 모두 해당되는 개념입니다. 군에 간 조카를 둔 큰 집, 작은 집, 고모 집, 이모 집 등도 해당되는 셈입니다.

왼쪽 칸 아래쪽으로는 첫 칸에는 아버지, 둘째 칸에는 어머니의 얼굴을, 형이나 누나가 있을 때는 셋째 칸에 그리고, 나의 얼굴은 넷째 칸에 얼굴을 그리게 합니다. 가운데 칸 아래쪽으로는 내가 어떤 행동을 했을 때 기뻐하셨는지를 완성문 형태로 기록을 하게 하고, 맨 오른쪽 칸 아래쪽으로는 내가 그 분들께 평상시에 감사드리고 싶은 내용을 완성문 형태로 작성하게 합니다. 진행정도를 보며 지도를 할 내용이 있으면 하면서 칭찬과 격려를 적절하게 합니다.

2) 진행절차 2

지금부터 병영생활 속에서 기쁨과 감사를 찾아보겠습니다. 우선 활동지 위의 3칸에 각자가 생각하는 감사거리를 찾아서 기록합니다. 그리고 나머지 칸은 다른 사람을 만나서 인사하고 서로 얘기하며, 공통적인 기쁨거리를 찾아 각각 상대의 표에 기록해 주는 것입니다.

ⓐ 서술형식은 ~ 해서 기쁘다, ~ 해서 즐겁다, ~ 해서 편안해, ~ 해서 기운이 샘솟아, ~ 해서 자랑스럽다 등으로 작성합니다.

ⓑ 소감 나누기는 기쁨거리와 감사거리를 찾는데 어려웠던 점, 아니면 생각해보니 기쁨거리와 감사거리가 아주 많았다든지 등을 생각해 보고, 그것은 나의 생활태도에서 무엇을 의미하는지 생각해 보기로 합니다. 그리고 프로그램 전 · 후에 마음에 어떤 변화가 있었나요? 이처럼 기쁨거리를 발견하고 나누면 더 기쁘고 행복할 뿐만 아니라, 인간관계도 빠른 시간 내에 가까워집니다.

어떤 특별한 일이 발생해야 행복해 지는 것이 아니고, 그냥 있는 기쁨을 발견하는 것만으로도 행복해 집니다. 그러므로 일상생활 속에서 기쁨을 찾는 능력과 태도를 기르는 것이 필요하고 중요합니다. 병영생활이 행복해 질 수 있도록 병영생활 속에서 기쁨을 찾아내는 능력과 태도를 기르시기 바랍니다.

3) 진행사례 1

1. 아버지 얼굴을 정면으로, 크게, 인자하게 그렸다면 무난하나, 옆으로 그렸다면 아버지의 권위에 다소 문제가 있을 수 있습니다. 무서운 얼굴표정을 그렸다면 매를 많이 맞고 자랐거나, 지금도 아버지와의 의사소통에 문제가 있을 수 있습니다. 또한 눈을 생략했다면 지금도 아버지를 무서워하고 있는 것입니다. 귀가 없는 얼굴을 그렸을 때는 아버지와 의사소통이 잘 안되거나, 잔소리가 많거나, 자존심이 강하거나, 다른 사람의 말을 잘 들으려하지 않은 것임을 알 수 있습니다.

2. 어머니 얼굴을 정면으로, 크게, 인자하게 그렸다면 무난하나, 옆으로 그렸다면 어머니와의 관계도 소원한 것임을 알 수 있고, 요란하거나 큰 얼굴을 그렸다면 어머니가 외향적이거나 활동적임을 알 수 있으며, 입을 크게 그렸다면 가정 내에서의 주도권이 어머니에게 있다는 것임을 알 수 있습니다.

3. 어머니, 누나나 여동생 머리를 길게 그렸다면 머리가 긴 여성을 선호하는 성격임을 알 수 있습니다.

4. 간단한 해석을 할 때는 본인이 원할 때에만 하는 것이 좋고, 그림이 좋지 않을 때에는 그냥 넘어가는 것도 하나의 방법이 될 수 있습니다. 또는 눈을 무섭게 그렸을 경우에는 다시 보완하라고 하거나, 귀를 생략했다면 그리라고 해도 큰 문제는 없을 것입니다.

5. 각자 돌아가면서 기쁨과 감사찾기를 발표를 하면서, 칭찬과 격려 그리고 아낌없는 지지를 보냅니다.

4) 진행사례 2

1. 예명을 씁니다.
2. 자리에서 일어나서 조 구별 없이 돌아다니면서 네모칸 안에 장점을 받아옵니다.
3. 자신의 장점을 써준 중대원에게는 감사함의 표시를 꼭합니다.
4. 군 가족에 대한 기쁨과 감사 찾기를 하면서 중대원들에게 자신의 장점을 선물 받으며, 처음에는 어색하고 어색하게 시작하지만 차츰 시간이 지나면, 서로 위로해 주고 격려해 주고 칭찬해 주면서 조금씩 속마음을 여는 시간도 가져보았습니다.

5) 진행사례 3

한 집단원은 자신에 대한 다른 집단원들이 기록한 내용을 보고 모두 거짓말을 한다고 합니다. 집단원 중 후임의 기록들은 믿어지지 않는다고 했습니다. 만약 후임들이 기록한 것처럼 그렇게 될 수 있다면 느낌이 어떨까요? 라고 하자, 매우 기분 좋은 일이라고 했습니다. 후임들에게 어떤 마음으로 좋은 점을 찾아 기록했느냐 하자, 그런 모습이 있어서 기록했다고 하자, 믿지 못했던 집단원은 매우 어색한 듯 웃더니 심리적 안정감이 생겼음을 느꼈습니다.

6) 진행사례 4

○ 제목 : 감사함의 싹을 심어보자

1. 눈을 꼭 감고
2. 당신의 마음속에서 채송화 씨앗 보다 더 작은 감사함의 씨앗을 찾아봅니다.
3. 찾은 사람은 오른손 손바닥에 넣고 꼭 쥐어봅니다.
4. 혹시 지금까지도 찾지 못한 사람은 삶의 먼지덩이 안에서 책갈피 속에 간직해 놓은 것을 찾아볼까요. 아직도 찾지 못한 사람은 주변의 떠오르는 사람에게 빌려오세요.
5. 오른손 주먹 안에 있는 감사함의 씨앗을 왼쪽 가슴 가까이 가져가 봅니다.
6. 왼쪽 가슴 안에 심어봅시다.

   채송화 씨앗보다 더 작은 감사함의 씨앗이, 이제 당신의 왼쪽 가슴 안에서 자라고 있습니다.
7. 느껴지시는 지요. 감사함의 씨앗이 싹을 피우고 있습니다.

   안에 있는 감사함의 씨앗을 기억하는 시간되시길~
8. 소감은 집단을 하면서 발견한 자신의 새롭고 긍정적인 모습을 발표하도록 진행합니다.

**진행사례 (응용프로그램)

1. 둘씩 짝을 지어 베개 빼앗기(생활관 침낭 또는 담요를 말아서 이용)를 한다. 시간은 2분을 준다.
2. 목숨을 걸고 베개를 지키라고 한다.
3. 규칙을 준다.
   가. 꼬집거나 간지럼 피우지 않는다.
   나. 발로 차거나 주먹질하지 않는다.
   다. 자기 자신을 우선적으로 보호한다.
4. 역할을 바꾼다.
5. 자리를 정돈하고 다 같이 눈을 감는다.
6. 지도자는 "여러분들에게 이렇게 목숨 걸고 지켜야 할 정도로 소중한 것이 있다면 어떤 것이 있습니까?" 라고 묻고 잠시 시간을 준다.
7. 돌아가면서 나눈다.
8. 그러한 것들에 감사하는 시간을 갖는다.
9. 여러분에게 소중한 1순위가 있지만, 결코 잊어서는 안 될 소중한 0순위는 여러분의 생명입니다. 내게 생명이 있고서야 내가 원하는 그 무엇이든지 할 수 있습니다. 여러분에게 생명을 주신 부모님과 지금까지 잘 지켜온 자신에게 감사하는 시간을 갖겠습니다.

제7회기 - 성공 시나리오 만들기

◆ 목　표 : 군 복무기간을 의미있게 보내고 진정으로 원하는 삶의 청사진을 그린다

◆ 부대목표 : 개인의 가치와 비전을 확립하고 모범적이며 실천적인 행동을 촉구한다.

◆ 활　동

- 프로그램의 진행방법을 알려준다.
- 자신이 진정으로 원하는 것이 무엇인지를 알게 한다.
- 자신의 인생에서 가장 가치있게 생각하는 것을 알게한다.
- 자기 인생의 의미를 찾아내고 생애설계를 한다.
- 자신의 역량과 비전을 군 복무 후 '개인-사회' 의 관점에서 접근한다.

성공 시나리오 만들기

예명 :

- 내가 가장 큰 행복을 느끼면서 하는 일은 무엇인가요?
- 내가 전우들에게서 발견하는 가장 존경스러운 품성은 무엇인가요?
- 나의 인생에 긍정적인 영향을 준 인물과 그 영향은 무엇인가요?
- 나에게 무제한의 시간과 돈이 있다면 무슨 일을 하고 싶은가요?
- 나에게 가장 중요한 세 가지는 무엇인가요?
- 나는 복무생활 중 가장 가치있다고 생각하는 것은 무엇인가요?
- 내 인생에 있어서 진정으로 되고 싶고, 꼭 하고 싶은 것은 무엇인가요?
- 내가 가장 듣고 싶은 말은 무엇인가요?
-
-

1) 진행절차

나의 신념, 가치관, 정체성을 찾아보고 성공시나리오를 작성하는 시간입니다. 주어진 문제를 함께 생각해 봅니다.

㉠ 내가 가장 큰 행복을 느끼면서 하는 일은 무엇인가?

ⓐ 그 일을 하면 즐겁고, 기쁘고, 또 하고 싶은 일

ⓑ 구체적으로 표현하기

㉡ 내가 전우들에게 발견하는 가장 존경스러운 품성은 무엇인가?

ⓐ 배려심, 솔선수범, 인내심, 책임감, 너그러움, 전우애

ⓑ 긍정적 태도, 성실함, 집중력, 강인한 정신

㉢ 나의 인생에 긍정적인 영향을 준 인물과 그 영향은 무엇인가?

ⓐ 인물 - 아버지, 친구, 형, 상사, 선생님, 동생, 어머니 등

ⓑ 영향 - 자신감, 용기, 정직함, 긍정적 사고, 진취성, 책임감 등

㉣ 나에게 무제한의 시간과 돈이 있다면 무슨 일을 하고 싶은가요?

ⓐ 나를 위해서

ⓑ 타인과 사회를 위해서

㉤ 나에게 가장 중요한 세 가지는 무엇인가?

㉥ 나의 복무생활 중 가장 가치있다고 생각하고 있는 것은 무엇인가?

ⓐ 내가 복무생활을 열심히 하는 이유와 연계

ⓑ 군 복무 기간 중 얻은 역량 등

㉦ 내 인생에 있어서 진정으로 되고 싶고, 꼭 하고 싶은 것은 무엇인가?

ⓐ ~ 처럼, ~ 한 사람이 되어, ~ 을 하고 싶다

ⓑ 모델을 모델링하고, 공익성을 위해서 크게 넓게 생각하기

ⓒ 원하는 대로 되었을 때 내 모습을 상상해 보기

㉧ 내가 가장 듣고 싶은 말은 무엇인가요?

ⓐ 듣고 싶은 말

ⓑ 누구에게 듣고 싶은가

2) 진행사례 1

이번 시간에는 성공시나리오를 작성하는 시간입니다. 군 복무기간 중 자기 자신의 목표와 비전을 생각하면서 나름대로의 시나리오를 작성해 보기로 합니다.

1. 한국전쟁이 끝난 1953년 미국의 유명한 JMC 컨설팅회사가 예일대를 졸업하는 학생들에게 다음과 같은 설문서를 받았다고 합니다. "여러분은 글로 쓴 인생의 목표나 비전을 갖고 있습니까?" 하고 물었더니 3%만이 YES라고 답변을 하였다고 합니다. 두 번째는 글로 쓰지는 않았지만 항상 생각은 한 적은 있다고 답변한 졸업생들은 10%에 해당되었고, 글로 쓰지는 않았지만 막연하게 생각을 한 적은 있다고 답변한 졸업생은 60%나 되었으며, 글로 쓰거나 생각도 한 적이 없다고 답변한 졸업생은 27%나 되었습니다.
   20년이 지난 후에 이 컨설팅회사는 이 설문에 답변한 졸업생을 일일이 찾아다니며, 재차 설문조사를 하였습니다. 당시 YES라고 답변한 3%의 졸업생들은 상류층 또는 사회지도층으로 활동하고 있었으며, 10%의 졸업생들은 증산층으로 여유있게 생활을 하고 있었습니다만, 60%의 졸업생은 서민층으로 생계에 급급한 생활을 하고 있었고, 27%의 졸업생들은 빈곤층으로 남의 도움을 받으며 어렵게 살아가고 있었다고 합니다.

2. 카네기연구소에서는 하버드를 졸업한 65세 정년 퇴직자를 대상으로 설문조사를 실시하였습니다. 그랬더니 우연의 일치인지 예일대 졸업생의 데이터와 일치하였습니다. 3%에 해당되는 정년퇴직자는 만족스러운

노후를 보내고 있었으며, 10%의 정년퇴직자는 여유있는 노후를 보내고 있었습니다. 그러나 60%는 경제적으로 힘든 노후를 보내고 있었고, 27%는 남의 도움을 받으며 어렵게 살아가고 있었습니다.

3. 종이 위의 기적! 쓰면 이루어집니다. 마음을 담아 써 내려간 글자 하나가 운명을 바꿀 변화를 가져옵니다. 성취하고 싶은 생애목표를 써 봅시다. 기적처럼 긍정적인 에너지와 기운을 끌여당겨 나를 응원합니다. 인류사에 커다란 발자취를 남긴 사람들, 富와 成功을 거머쥔 사람들, 평생 행복하고 충만한 인생을 산 사람들!
이들을 자신이 원하는 인생을 열정적으로 살게 한 공통의 원천은 무엇일까요? 그것은 바로 자신의 꿈과 목표를 적은 작은 종이 한 장이었습니다. 쓰고 또 써서 늘 보이는 곳에 붙여두고, 자신이 가야 할 길을 자기 심장에 새겨 두었던 결과였습니다.

3) 진행사례 2

저는 원래 제가 감당하지 못하거나 잘 되지 않은 일을 접하게되면 금방 포기해 버리는 성격이었습니다.

그런데 군대에서 행군을 통해서 인내심과 완주했을 때 오는 자신감과 사격훈련을 통해 집중력을 키울 수 있었고 사람들과 많이 어울려서 사회성도 많이 생겼습니다. 그래서 제가 어떤 위치에서든지 어떠한 일을 하던지 사회생활을 하면서 생길 수 있는 힘든 업무를 충분히 소화해 낼 수는 역량이 생겼습니다.

제8회기 - 전우에 대한 감사와 사과 쪽지 나누기, 담요 덮어주기

◆ 목　표 : 병영생활 중에 마음에 담아두고 표현하지 못한 것을 용기를 내어 직접 주고 받는다.

◆ 부대목표 : 편안하고 화목한 병영생활 분위기를 조성한다.

◆ 활　동

- 프로그램의 진행방법을 알려준다.
- 진심어린 마음을 전우들에게 수월하게 표현한다.
- 전우들의 반응과 피드백을 편안하게 수용한다.
- 전우들에게 비춰진 자신의 모습을 되돌아보는 기회를 가진다.
- 부대원끼리 신뢰와 전우애를 다진다.

전우에 대한 감사와 사과 쪽지 나누기, 담요 덮어주기

⚜ 전우에 대한 감사와 사과 쪽지 나누기, 담요 덮어주기

구 분	감사의 쪽지	사과의 쪽지	담요 덮어주기

1) 진행절차 1

전우들에게 감사와 사과 쪽지 나누기, 담요 덮어주기는 병영생활을 하는 전우들에게 하는 프로그램입니다. 각 항목별 작성요령을 설명 드리겠습니다.

㉠ 구분 란에는 간부님, 선임병, 동료, 후임병, 또는 어느 특정인물을 상징적으로 지정하여 감사의 쪽지와 사과의 쪽지, 그리고 담요 덮어주기를 적어봅니다.

㉡ 집단 리더자는 진행정도를 확인하고, 진도가 더딘 집단원은 도와줘도 무방합니다.

㉢ 모두 작성이 완료되면 작성상태가 양호한 집단원을 지정하여 분위기를 이끌어 갈 수 있도록 먼저 발표를 시키는 것도 좋은 방법이 될 수 있습니다.

㉣ 우리가 어렸을 적 이불을 걷어차고 움크린 상태로 추위에 떨면서 잘 때, 부모님이 이불을 덮어주시며 "아이고 우리 아들 추웠겠다" 하실 때 얼마나 행복했습니까? 격려와 지지는 바로 담요(이불) 덮어주기와 같은 이와 같은 맥락입니다.

㉤ 각자 돌아가면서 발표할 준비를 합니다.

㉥ 전우들의 발표내용을 듣고, 참고할 만한 내용이 있으면 귀담아 듣고 인용하는 것도 좋은 방법입니다. 멋진 표현이나 기억할 만한 내용은 잘 기억합시다.

㉦ 발표가 끝나면 박수로 격려와 지지를 보냅니다.

2) 진행절차 2

㉠ 집단원 한 사람에 대하여 자유롭게 이야기를 한다. 감사, 사과, 지지, 격려, 칭찬 등을 주게 한다.

㉡ 미안하다고 사과를 하는 경우에는 서로 마주보고 잠시 대화를 할 수 있도록 해 줄 수도 있다.

㉢ 모두 다 말할 필요없이 4-5명 정도가 이야기를 하면 지도자는 이 말들 중 어떤 말이 제일 마음에 와 닿는지, 지금 마음이 어떤지를 물어본다.

ⓡ 때로는, 평소에 듣고 싶은 말이 무엇인지를 물어 본다. 그 말을 평소에 누구에게 듣고 싶었는지, 그리고 여기서는 누가 그 말을 해주면 좋겠는지를 물어본다.

ⓜ 그 전우에게 허락을 받아, 듣고 싶은 말을 그대로 해주도록 한다. 이때 감정이 올라오거나 충분치 않다고 느끼는 경우에는 집단원 전체가 큰소리로 세 번 정도 외쳐주는 것도 효과적이다.

ⓑ 이렇게 한 사람씩 돌아가면서 집단원의 스트로크를 받게 한다.

ⓢ 마음 나누기로 마무리를 한다.

3) 진행사례 1

감사의 쪽지

- 항상 웃어주며 중대원들에게 희망을 주고 따뜻하게 해주셔서 감사합니다.
- 많은 것을 알려주셔서 감사합니다. 마음으로 사람 대하는 법을 알려주셔서 고맙습니다.
- 중대에서 막내인데 군 생활 끝까지 막내가 아니다. 시간이 지날수록 하나씩 깨달을 것이고 힘들 때 뒤도 돌아보면서 너의 꿈을 위해 힘찬 날개짓을 하길 바란다. 항상 긍정적인 마인드로 살면 성공할 것이다.
- 항상 중대원들을 먼저 챙기시고 배려해 주시는 점 정말 감사하게 생각합니다.
- 동생처럼 장난도 많이 치시고 형처럼 잘 챙겨주셔서 감사합니다.
- 부족한 부분에 대해 넌 할 수 있다는 자신감과 웃음을 주어서 감사합니다.
- 다른 중대에 있을 때는 무섭기만 했는데 같은 중대가 된 후 정말 좋은 분이라는 것을 알게 되어 감사합니다.
- 부지런한 모습이 저에게 좋은 지표가 되어준 점 감사합니다.
- 제가 막내일 때 항상 같이 도와주시고 이해해 주셔서 감사합니다. 어렵고 힘든 순간마다 저에게 힘이 되어주셔서 감사합니다.

· 항상 중대와 팀원들을 생각해주시고 힘들 때나 즐거울 때도 언제나 챙겨주시는 것에 감사합니다.
· 후배들을 이끌고 항상 리더십을 발휘해 주시고 챙겨주시는 것에 대해 감사합니다.

사과의 쪽지

· 챙겨주시는 것 만큼 잘못 챙겨 드려서 항상 죄송합니다.
  — 빨리 주특기 실력을 올려야 하는데 그렇지 못한 점이 죄송합니다.
  — 많이 부족하지만 제가 열심히 하겠습니다.
  — 제가 배우고 있는 걸 떠나서 많이 노력하지 않는 점에 대해 죄송합니다.

담요 덮어주기

— 밝으신 모습에서 정감이 넘치시고 목소리가 좋으십니다.
— 간부로서 솔선수범하는 모습에서 후배들의 귀감이 됩니다.
— 전역 후에도 지금 같은 모습 잃지 마시고 하시는 일 잘 풀렸으면 합니다.
— 포기하지 말라, 그리고 긍정적인 생각을 하라, 웃어라, 강해져라.
— 중대원들에게 항상 관심을 가져주시며 후배들을 위해 무엇인가를 해주시려는 후배들에게 지지 않으려는 노력파이고 자부심이 강하십니다.

4) 진행사례 2

후임으로부터 선임인 자신에 대한 감사와 사과 그리고 장점과 칭찬을 들은 선임이 순간 감정이 격해지며 눈물을 글썽거렸다. 이유를 묻자 자신에 대해서 후임들이 그렇게 좋은 감정을 가지고 있는 것을 알게 되어 감동 때문에 눈물이 나왔다고 했다. 개성이 강한 후임들에게 지시만 내린 것 같은데 이해하는 감사와 사과의 글을 받고 보니 귀한 경험을 하였다고 하였다.

제9회기 - 병영생활 실천계획서 작성

◆ 목　　표 : 군 훈련역량을 성공 시나리오와 연계하여 새로운 역량 계발의 기회로 삼는다.

◆ 부대목표 : 군 복무를 하는 뚜렷한 목표의식과 군인정신을 함양하여 보람과 긍지를 갖는다.

◆ 활　　동

- 프로그램의 진행방법을 알려준다.
- 병영생활과 부대임무 등에서 다양한 훈련역량을 찾아낸다.
- 지금까지 진행한 프로그램에서 개인의 역량을 찾아낸다.
- 여기서 찾아낸 역량을 바탕으로 실천목표를 세운다.
- '**개인-군-사회**' 와 연계된 비전을 수립한다.

병영생활 실천계획서 작성

⚜ 병영생활 실천계획서 작성

- 병영생활 중 실천할 수 있는 목표를 설정하고 실천계획을 세워봅시다 -

● 나의 역량 찾기

훈 련	능 력
(예) 제식훈련	(예) 질서유지, 균형감각

● 자기소개서 작성(위의 역량을 바탕으로 향후 진출하고 싶은 분야)

1) 진행절차 1

이번 시간은 병영생활 중 실천할 수 있는 목표를 설정하고 실천계획을 세워보는 프로그램 입니다.

여러분의 연령대는 인생에 있어서 가장 황금기에 있는 시기라고 볼 수 있습니다. 그야말로 꽃다운 나이인데 군 복무를 하고 있다는 것 자체가 스트레스라고 생각하는 사람들이 대부분입니다. 이해합니다. 그렇지만 나이가 더 들어가고, 어떤 계기가 생기고, 인생의 반환점을 돌고나면 그 때부터서는 생각이 달라지기 시작합니다.

"내가 군대를 갔다 왔기 때문에 그 일을 할 수 있었다.", "내가 군 복무를 할 때 경험이 밑바탕이 되어 오늘날 내가 이 자리까지 왔다."며, 자랑스럽게 말하는 것을 자주 듣습니다. 그렇다면 군 복무생활이 스트레스를 많이 받고, 헛된 기간 만은 아닐 것입니다.

㉠ 군 복무생활을 하면서 나의 역량을 찾아봅시다. 부대에서 주로 많이 하는 훈련 중에 나의 역량계발에 도움이 되는 훈련명칭을 적고, 그 훈련에서 도출할 수 있는 능력이나 역량을 강화시킬 수 있거나, 서로 연계 가능한 역량을 찾아 적어 봅니다.

㉡ 각개전투는 생존성을 보장하기 위한 전투기술이지요. 여기서 능력을 찾는다고 하면, 개인기와 전문지식, 기술 그리고 개인 역량이 필요할 것입니다.

㉢ 또한 제식훈련이라고 한다면, 제식훈련은 군의 기본 자세를 확립하기위한 중요한 훈련입니다. 이는 부대원의 단결과 화합, 균형감각, 조직구성원 간의 위계질서를 유지하게 하는 차원에서 매우 중요한 훈련입니다.

㉣ 자기 소개서는 이러한 역량들을 바탕으로 하여 향후에 자기 자신이 진출하고 싶은 분야에 대해, 인생 등고선과 성공시나리오, 나의 역량찾기에서 도출한 것을 토대로 작성합니다. 전문성과 개성을 중요시하고 변화에 유연한 대응을 하며, 미래 지향적 이면서도, 창의적인 인재를 필요로 하는 이 시대에 적합하게 설계를 해봅시다.

㉤ 돌아가면서 느낀 점을 들어 보겠습니다.

㉥ 집단 리더자는 구성원들의 느낀 점들에 대한 피드백을 할 경우에는 메모

를 해서 공통적인 사항이나, 공감이 가는 내용은 종합하여 피드백을 주면 그 효과는 보다 극대화가 될 것입니다.

2) 진행절차 2

이 시간에는 병영생활 중 실천할 수 있는 목표를 설정하고 실천계획을 세워보겠습니다.

㉠ 목표세우기

목표가 있는 사람과 없는 사람의 차이는 매우 큽니다. 최선의 삶을 살기 위해서 먼저 믿음의 눈으로 인생을 바라봐야 합니다. 내가 바라고 원하는 인생을 마음의 도화지에 그려야 합니다.

ⓐ 마음에 품은 대로 현실이 됩니다.

ⓑ 꿈과 비전을 수없이 마음으로 그려야 합니다.

ⓒ 목표를 세우고 종이에 써서 주시하는 것은 더 중요합니다.

ⓓ 목표를 세울 때는 'SMART' 원리에 맞게 세웁니다.

㉡ 목표를 이루기 위한 나의 역량을 찾기

ⓐ 군 훈련을 통해서 얻은 역량(지식과 기술 능력)

ⓑ 그 밖의 경험을 통해서 얻은 역량(지식과 기술 인맥 등)

ⓒ 나의 장점

㉢ 자기 소개서 작성하기

ⓐ 위의 역량을 바탕으로 향후 진출하고 싶은 분야에 도전할 때 나를 어떻게 소개할까하고 진지하게 생각합니다.

ⓑ 소개서는 구체적이며 특성 있게 씁니다.

여러 종류의 훈련을 통해 또는 언제, 어디서, 어떤 대민봉사 활동을 통해 습득한 능력, 인정, 평가에 대해 서술하고 자신이 있고, 잘 할 수 있다 등 다양하게 작성을 합니다.

㉣ 발표하고 느낌 나누기

3) 진행사례 1

사회에서 어떤 일을 할 때 한 번, 두 번, 몇 번의 시도로 실패하면 포기하고, 그리고 나면 시간만 낭비되고 좌절감만 남았습니다. 또한 놀이기구도 잘 타지 못할 정도로 고소공포증이 있었고 굳이 힘든 일을 하려 하지 않았습니다. 허나 공수교육도 힘들고 짜증나지만 그 순간을 버텼고(강제성이 있긴 하지만) 300m ~ 900m를 뛰어 내릴 정도로 나 자신을 다스릴 수 있는 힘이 생겼고, 유격훈련 산악구보와 행군을 통해 장시간 인내하고 참을성을 배웠습니다. 이 교육과 훈련으로 얻은 정신력과 인내의 교훈으로 앞으로 제 인생에서 쉽게 포기하거나 두려움에 떠는 일은 없으리라 굳게 말할 수 있습니다. 또 운전교육과 정비로 보다 안전운행, 방어운전을 배울 수 있는 기회가 되었고 차에 대해 어느 정도 기초상식을 갖출 수 있는 계기가 되었을 뿐더러 장시간 노력하고 집중하고 나서 운전 테스트의 합격으로 노력의 재미와 중요성을 알게 되었습니다. 이에 저는 제가 어떤 일을 하든 어떤 어려움에 직면하든 헤쳐 나 갈 수 있는 강인한 사람이라 감히 말씀드릴 수 있습니다.

4) 진행사례 2

1. 저는 이제 내년 3월이면 4년 3개월의 군 생활을 마치고, 사회로 나갈 새로운 시작을 준비하고 있습니다. 4년 3개월 간의 군 생활이 제 인생에 있어서 없어서는 안 될 소중한 경험이자 추억이며, 이 경험을 토대로 삼아 현재 사회에 나가 해보고 싶은 소방 공무원 준비를 잘 하여 대한민국 특정 요원에서 대한민국 최고의 소방대원이 되도록 노력하겠으며, 후배들에게 자랑스런 고참으로 남도록 할 것입니다.

2. 제가 지금 부족한 것은 영어입니다. 또한 무도도 부족하지만 하나하나 채워가면서 꿈을 위해 한 걸음씩 내딛으면서 세계에서 최고의 경호원이 되겠다 다짐합니다. 저는 지금 하나의 꿈을 90%실현 했습니다. 대한민국 특전사는 세계 최정예 부대라는 타이틀이 있습니다. 그 중에 특전부대의 전투요원이라는데 자랑스럽고 저에게 큰 힘을 주는 것입니다.

제10회기 - 소감문 작성 및 종결

◆ 목　　표 : 집단상담 참가소감과 참여목표 달성여부 및 미해결과제에 대한 평가를 한다.

◆ 부대목표 : 집단참가 경험의 병영생활에의 적용 가능성을 탐색한다.

◆ 활　　동

- 전체 집단원들에게 집단에 참여하면서 어떤 목적을 가지고 시작하였고, 집단을 마치는 지금에 와서는 어느 정도 달성이 되었는지, 그리고 자신과 타인에 대해 새로운 사실이나 느낌이 생겼다면, 무엇인지를 확인한다. 그리고 집단상담에서 충분히 다루지 못한 일이 있으면 함께 나누도록 한다.

  중요한 것은 집단상담의 경험이 부대에서도 그대로 적용될 것으로 기대해서는 안 된다는 것이다. 부대는 부대의 상호작용 특성이 있기 때문에 개인적 경험을 바탕으로 부대에 적절하게 활용하는 방법에 대해 생각해 보아야 한다.

소감문 작성

⚜ 소감문(제출용)

소속 :　　　　계급 :　　　성 명 :　　　　.

• 전체 참여 소감

• 개인적 성취

• 부대에의 적용 방안

제 2 장

군 집단상담 반응의 Tips

1. 들어가면서

집단을 진행하다보면, 예기치 못한 상황이나, 특성이 다른 집단원들이 함께 모이는 경우가 많다. 이때 적절한 반응이나 개입전략은 집단의 응집성을 높여줄 뿐만 아니라, 집단 목표 달성에도 효과적으로 기여할 수 있다.

그러나 충분한 상담훈련 및 집단 지도 경험이 없는 경우에는 '어떻게 반응할 것인가?' 에 모든 관심이 모여서, 집단 운용에 비생산적인 결과를 얻을 수도 있다. 이에 본 저에서 소개된 구조화된 집단상담을 운용하면서 겪을 수 있는 다양한 문제를 상황별로 정리하고, 이에 대한 효과적 반응과 비효과적 반응을 구분하여 제시하였다. 초보 상담자들에게 이 반응을 토대로 하여 더욱 효과적 반응을 찾아내거나, 적용하여 효율적 집단운영이 가능한 TIP을 제공하고자 한다.

2. 기초적 기술양식

집단상담에서 활용되는 대부분의 상담기술은 다음과 같은 세 가지로 대별할 수 있다. 물론 이론적 접근법이나 개인적 훈련에 따라 다양한 방법이 있지만, 가장 대표적인 것으로는 다음과 같은 기술을 제시할 수 있다.

Accepting in the context of group

집단상담을 하는 중요한 이유 중의 하나는 있는 그대로의 자신을 수용하는 법을 배우는 일이다. 다른 어떤 곳에서도 있는 그대로의 자신이 수용되는 경험을 받지 못한 사람은 지속적으로 자신을 조건화된 가치관이나, 타인과의 비교에서 오는 좌절감이나 열등감 때문에 힘들어할 수 있다.

물론 삶의 전반에 걸쳐 자기수용이 일어나는 일은 상당한 시간과 노력을 요구하는 일이지만, 다른 한편으로는 집단장면에서 개개인의 행동에 대한 수용을 통해 자신을 더욱 성장시켜 나가는 계기를 만들 수 있다.

특정 집단원이 집단 장면 내에서 수용을 받는 모습, 그리고 누군가를 수용하는 모습을 경험하면 집단의 친밀성이나 응집력이 높아지게 된다.

중요한 것은 집단을 이끌면서 초기에는 특정 집단원 뿐만 아니라 전체가 관심을 공통으로 가지는 주제에 대해 수용하는 반응을 보이는 것이라는 점이다. 집단 초기부터 특정 내담자가 자신의 문제를 제기하고, 이 문제에 대해 수용을 함으로 해서, 새로운 통찰력을 가져오게 되고, 결과적으로 그 사람의 나머지 관심사에 대해 이야기를 하다보면, 이는 개인상담으로 전환되는 경우이고, 나머지 집단원들은 집단참여에 흥미를 잃게 된다.

따라서 집단초기에 수용반응은 내담자의 특정 행동이 의미있다는 것, 그 말과 행동이 집단 내에서 수용된다는 것, 있는 그대로의 모습을 존중한다는 것을 보여주고, 그것이 집단에 어떤 영향을 미쳤는가를 확인해 보는 것이 효과적이다.

작업단계에서의 수용반응은 내담자가 지금-여기에서 다루어보려는 관심사를 끌어주는 효과가 있다. 자신의 관심사가 있는 그대로 수용이 되면, 집단원은 두려움없이 자신의 새로운 행동을 탐색하려는 용기를 가지게 된다. 이는 새로운 행동으로 연계되면서, 집단의 치료효과를 촉진한다.

사례 1) 이것 안하면 안돼요?

자기소개를 하자고 해서, 한참 다른 사람들이 소개를 하고 있는데, 자기 차례가 다가오자, 한 병사가 "발표 안하면 안돼요?" 혹은 "이것 안하면 안되나요?"라고 말을 한다. 집단의 분위기는 갑자기 얼어붙은 것 같고, 어색함이 감돈다. "그래도 한 번 해보자"라고 말하는 것은 본전도 못찾는다. 어떻게 해야할까?

→ 집단원이 이같은 반응을 보일 때는 다양한 원인이나 이유가 있을 것이다. 집단 장면이 처음이기 때문에 어색해서 그럴 수도 있고, 예전에 경험을 해 보았기 때문에 필요없는 것이라고 생각할 수도 있다. 그저 귀찮고, 여기까지 오게 한 것에 대한 분노나 적개심 때문에 그럴 수도 있다. 또는 자신이 얼마나 그 조직에서 뛰어난 사람이고, 자신은 아무도 함부로 다룰 수 없다는 것을 뽐내고 싶을 수도 있고, 자신의 권위를 내세우고 싶어서일 수도 있다.

원인이 어떠하든지 간에, 리더의 반응은 집단의 분위기를 결정하는데 중요한 역할을 한다. 어떻게 할까? 이럴 때 중요한 것은 원인을 찾는 것보다, 내담자의 현재 심정을 수용해주는 것, 그런 행동이 집단 내에서 허용된다는 것, 그것이 소중한 경험이라는 것 등을 인식하는 일이다.

"지금 참여하는 일이 무의미하게 느껴지는가 보구나" "여기에 참여하고 싶지 않구나" "무엇 때문에 그렇지?" 등과 같은 반응들은 내담자를 있는 그대로 수용해주는 것이 아니다. 상담자의 주관적 판단을 내담자의 행동에 이미 반영하고 있기 때문이다.

이것은 그냥 질문일 수도 있다. 안해도 되고 해도 되는지? 꼭 해야 되는지? 집단 참여의 방법을 몰라서 그럴 수도 있다.

있는 그대로 수용하는 것은 "지금은 안하고 싶은가?" "예" "그렇구나. 지금은 안하고 싶구나."라는 심정을 이해해주는 일이다. 그 다음은 이를 통하여 집단 참여의 방법을 알려줄 수 있다. "그래, 바로 이것이 우리가 이 집단에서 하는 일이야. 즉, 안하고 싶으면, 안하고 싶다고 말하는 것 그리고 그 때의 감정이 어떤지, 안하고 싶은 자신만의 독특한 이유가 무엇인지를 찾아보는 것이 바로 우리가 집단에서 하는 일이야. 이병장이 중요한 주제를 주었는데, 집단참여 규칙에 대해서 말할 수 있는 기회를 주어서 참 고마워. 단, 우리가 오늘 모인 것은 지금 이 모습을 이해하고, 더 성숙한 나만의 방식을 찾아보는 것이기 때문에, 자신의 느낌과 더 성숙한 모습으로 산다면 어떻게 하고 싶은지도 함께 말하면 좋겠어"

사례 2) "발표하기가 쑥스러워요"

쑥스럽다고 하는 것은 중요한 자산이다. 개인이 지나친 행동을 하는 것을 조정해주고, 조금은 부족한 듯 하지만, 그렇다고 포기하지는 않는 인내력을 보여주는 감정이다.

발표하기가 쑥스럽다고 할 때 지도자는 어떻게 반응을 할까? 쑥스러움이 자랑스러운 자산으로 되도록 하면 된다. "쑥스럽구나. (미소를 지으면서) 박상병은 중요한 재산을 가졌네. 쑥스럽다는 것은 '하고 싶기는 하지만, 좀 더 잘할 수 있을 것 같아. 지금은 조심스럽게 아껴 두고 있다거나, 혹은 안해 본 것을 하려니, 낯설다는 뜻인데, 아직은 준비가 덜 되어서 라는 뜻인데, 지금 어떤 뜻인지 말해줄 수 있겠니?"

대답을 하면, 거기에 따라, 이런 상황에서 쑥스러움을 느끼는 개인의 모습을 아는 것이 바로 본 집단의 한 목표임을 알려준다. 그래서 쑥스럽기 때문에 자신이 아무 것도 못하는 것이 아니라 즉, 쑥스러움이 자신을 통제하는 것이 아니라, 자신이 쑥스러움의 주인이 되어 쑥스러움을 다스리게 되는 계기를 마련하는 것이다.

사례 3) "이런 것을 한다고 뭐가 달라지겠어요"

달라질 것이 없다거나, 인생의 희망이 보이지 않는다면, 이런 반응을 보일 수도 있다. 중요한 것은 달라질 것이 없는 사람의 마음속에는 얼마만한 좌절감과 불신감, 두려움 등이 있는가를 이해하는 일이다.

"낙담스러운가 보구나." "이 정도의 말을 하는 것으로는 인생에 특별한 도움을 줄 수 없다고 생각하는구나." "진짜 중요한 변화가 일어날 수 있는 방법을 찾고 있구나."

Linking

연결하기는 집단상담에서만 볼 수 있는 독특한 기술이다. 물론 개인상담에서도 개인 내적 요인들간에 연결을 통하여 새로운 통찰을 얻는 기술로 활용할 수 있다.

그러나 집단장면에서 다양한 집단원들간의 역동을 결정하는 중요한 기술로 연결하기를 들 수 있다. 집단상담은 개인과 개인, 개인과 집단, 집단 자체의 역학 등에 의해 상담이 진행된다. 이때 다양한 상호작용의 방향타 역할을 하는 것이 linking이다.

가장 기본적으로 Linking은 두 가지로 구분할 수 있다. 개인과 개인의 연계와 개인 내 연계이다. 전자는 특정 집단원의 반응에 대해 다른 집단원의 반응과 연결시켜 줌으로 해서 상호작용이 일어나도록 촉진하는 것이다. 예를 들어, "저는 낯선 장면에 가면 말하기가 어렵습니다."라고 말을 하는 집단원이 있는 경우, 이와 유사한 경험을 가진 다른 내담자 있는지를 물어보고, 이들을 연결해 주는 것이다. "이일병이 낯선 상황에서는 말하기가 어렵다고 했는데, 혹 우리 가운데 비슷한 심정을 가진 사람이 있을까요?"

Linking의 또 다른 형태는 개인의 현재 행동과 과거 혹은 미래 행동을 연결하여 새로운 통찰을 얻도록 도와주는 일이다. 집단의 참여 목표를 말할 때 "적극적으로 행동하는 모습을 갖고 싶다"고 말한 집단원이 실제로는 어떠한 노력도 하지 않을 때 "목표는 적극적으로 참여하자고 말했는데, 지금의 행동은 목표 달성에 도움이 되는 것인지 이야기해 보고 싶군요."라고 말하는 것이다.

Presenting

Presenting은 가장 적극적인 집단지도자의 개입방법이라고 말할 수 있다. 집단상담에 참여한 집단원들은 자신의 문제에 대해 가장 직접적이고도 심원한 이해를 하고 있지만, 이를 체계적으로 탐색해 보거나, 실질적인 언어로 표현해 내는 것에 대해서는 상담 전문가만큼 훈련을 받지 않은 경우가 많다.

이 경우에 집단지도자는 전문적 지식과 경험을 바탕으로 집단원들이 제기하는 문제나 관심사를 집단원들이 이해할 수 있는 관심사로 재해석하거나, 피드백을 제공해 줄 필요가 있다. 이럴 때 사용하는 기술이 presenting이다.

Presenting은 해석하기, 재해석하기, 피드백 주기 등과 같은 기술을 망라하는 것으로 집단원들의 지금-여기 관심사를 집단원들이 다룰 수 있는 규모나 용어로 전환시켜 주는 것을 말한다. 너무 심각한 문제여서 집단장면 내에서 해결할 수 없는 경우, 집단원들이 해결할 수 있는 수준으로 대상을 조절할 수 있다.

이제 이상에서 논의한 것을 바탕으로 실제 회기에서 일어나는 다양한 문제 장면, 혹은 집단의 역동을 결정하는 결정적 사건(critical incidents)를 살펴보면 다음과 같다. 아래에 나와 있는 상황을 읽고, 먼저 자신이 집단지도자라면 어떻게 반응할 것인가를 기록해 보라. 그리고 예시로 나와 있는 반응 가운데 어떤 것이 가장 효과적인 것으로 판단되는지, 어떤 점에서 효과적이라고 생각하는지를 기록하고 관찰해 보자.

3. 회기별 반응사례

1회기: 오리엔테이션, 서약서, 예명 짓기

사례 1-1) 집단상담실에 들어갔는데 일부 집단원이 자고 있을 때 :

군부대 집단상담의 경우에는 집단지도자가 집단상담실에 들어갔을 때 집단원의 일부가 자고 있는 경우가 있다. 근무시간과 관계없이 진행되는 집단상담이 야간에 근무를 하고 온 병사들에게는 휴식시간처럼 느껴질 수도 있고, 집단원이 먼저 집단상담실에 와서 집단 지도자를 기다리는 경우가 많기 때문이다. 이럴 때 지도자는 어떻게 개입하여야 하는지 생각해 보자.

나의 반응 1 : ______________________________

나의 반응 2 : ______________________________

비효과적 반응 1 : 이 시간이 무슨 시간인지 알고 있습니까?

비효과적 반응 2 : 준비가 전혀 안되어 있군요. 너무 무례한 것 같아요.

효과적 반응 1 : (지도자가 들어오는 것을 모르는 경우) 기다리다가 지쳤나봅니다. 쉬고 있는사람들도 있네요. 지금부터 집단상담을 시작하고자 합니다. (집단지도자가 집단이 시작됨을 공식적으로 알리고, 참여 태도를 촉진하는 방법이다. 부대에서 언제 집단이 시작되는가를 모르고 참석하는 경우가 있다. 이때는 집단상담의 시간계획을 먼저 알려주는 것도 효과적이다. 즉, 몇 시에 시작하고, 몇 분씩 상담을 진행하는가를 알려주어, 참가시간을 사전에 이해시키는 것이다.)

효과적 반응 2 : (지도자를 보고서도 엎드려 있는 경우) 지금 엎드려 있는 병사들을 보니까 피곤한가 보네요. 혹시 어제 야근 있었나요? (네) 어제 야근하고 오늘 이렇게 집단에 참여하려니 참 힘들겠어요. 이제 시작인데 어떻게 하면 도움이 될까요?

이 경우에는 시작을 안내한 후, 활동중심의 개입방법("모두 기지개를 펴봅시다.", 관심주기 개입방법("여기 어떻게 오셨어요?") 또는 집단재배치 개입방법("오늘은 집단상담을 할 것이기 때문에 모두 동그랗게 앉았으면 합니다. 자리를 옮겨 볼까요?" 등의 방법을 활용할 수 있다.

사례 1-2) 집단원이 마지못해 참석하여 내키지 않은 표정을 하고 있을 때

군 집단상담의 경우에는 집단원이 자원해서 집단에 참여하는 경우보다는 상급자의 지시에 의해 집단에 참여하게 되는 경우가 많다. 이럴 경우에 집단원의 반응은 자원해서 온 집단원들과는 매우 다른 반응을 보인다 .특히 마지못해 참석하여 내키지 않은 표정을 하고 있을 때 지도자의 개입방법에 대해서 함께 생각해 보자.

나의 반응 1 : ______________________________

나의 반응 2 : ______________________________

비효과적 반응 : 여러분들 여기 왜 왔어요? 이렇게 참여할 것 같으면, 지도자가 기분이 좋을까요? 나쁠까요? 기왕에 하는 것, 기분 좋게 해 봅시다. 자, 파이팅!

중간적 반응 : 여기 있는 것에 기분이 썩 내키지 않아 보이는데 제 생각이 맞는지 궁금하네요.

효과적 반응 : (비자발적 내담자인 경우) 여러분들 여기에 어떻게 알고 오셨나요?

('가라니까 왔어요' 라고 대답하는 경우)

그렇군요. 오기는 왔지만, 뭘 해야 할지도 모르고, 참 난감하겠군요.

: 참여자들이 참여하게 된 계기나 배경을 수용하고, 현재의 감정을 살펴 말해줌으로해서, 지금-여기에 집단원들이 참여하도록 초대한다.

사례 1-3) 계급이 달라 위계적으로 집단이 진행될 때
(누군가 눈빛으로 집단을 통제할 때)

집단원을 선정할 때, 군의 특성상 동일계급으로 구성되어지기보다는 같은 소대원들끼리, 혹은 같은 생활관의 인원으로 집단원을 구성하게 된다. 이럴 때 계급간의 격차나 평소 생활하듯이 위계적으로 집단이 진행되기도 한다. 발표를 하면서도 누군가의 눈치를 보거나, 특정 신호를 최상급자가 눈빛으로 보내면, 그제서야 한 마디씩 이야기를 꺼낸다. 이런 경우에 집단지도자는 어떻게 개입해야 하는 지 알아보자.

나의 반응 1 : ________________________________

나의 반응 2 : ________________________________

비효과적 반응 1 : 지금 서로 눈치를 보는데 무슨 일 있어요?

비효과적 반응 2 : 거기 지금 뭐하는 거예요? 말해 봐요.

효과적 반응 1 : 여러분들끼리 계속 눈짓이나 다른 제스처를 주고받는데 무슨 뜻이 오고가는지 궁금합니다. 내가 알 수 있도록 얘기를 해줬으면 좋겠습니다.

효과적 반응 2 : 여기에서만 통하는 순서나 규칙이 있나 봐요. (확인 후) 오늘 집단상담에서는 모두가 동등한 자격으로 참여해서, 우리의 이야기를 만들어가

는 시간입니다. 평상시에는 할 수 없었던 이야기나 마음 속 하고 싶은 이야기를 자신이 하는 시간이랍니다. 이 규칙에 대해 어떻게 생각하는지요?

이 경우는 집단참여의 규칙을 알려주는 결정적 계기가 될 수 있다. 집단원들은 집단 내에서 어떤 일이 발생하는지를 모르고 있고, 또한 집단에서 어떤 방식으로 참여해야 하는지, 혹은 어디까지 이야기를 해야 하는지를 모르기 때문에 과거의 '안전한 방식' 에 따르게 된다. 이때 지도자는 새로운 규칙을 알려주는 시간을 가질 수 있다.

사례 1-4) 할 말이 없어요

발표를 하는 중에 한 집단원이 발표를 하자고 하니, 자신은 "할 말이 없다" 고 대답한다. 무엇인가 지지를 필요하는 것 같지만, 지속적으로 같은 반응을 보이고 있었다. 어떻게 개입할 것인가?

나의 반응 1 : ______________________________

나의 반응 2 : ______________________________

비효과적 반응 1 : 순서가 되었으면 말을 해 보세요.

비효과적 반응 2 : 한번쯤 생각해보면 할 말이 생겨나지 않을까요?

효과적 반응 1 : 비언어적으로 부드럽게 수용하는 행동을 보인다.

효과적 반응 2 : 지금은 할 말이 없군요. 조금 있다가 생각이 나면 언제라도 신호를 주면 좋겠어요. 모든 사람의 견해를 들어 보고 싶거든요.

이 경우, 내담자의 행동에 대해 지도자가 지속적으로 개입하면, 또 다른 참여가 필요한 경우에도 집단원은 또 지도자가 개입해 주기를 바라고 가만히 있게 된다. "하고 싶을 때 말하세요"라고 말을 하는 경우, "아직도 안 하고 싶어요"하면서 참여 행동을 피하게 된다.

집단원이 행동이 일종의 패턴이라면 조심스럽게 관찰을 하고, 4회기 이후에도 같은 행동이 반복된다면, 이것을 주제로 집단상담을 이끌어 갈 수 있다.

2회기 나는 누구인가? - 집단 상호작용

사례 2-1) 부정적 예명을 지을 때(어리버리한….)

2회기 '나는 누구인가?' 활동을 하면서, 예명을 선물하는 프로그램을 진행할 때, 예명은 긍정적인 형용사로 만들 것을 부탁하였다. 그러나 간혹 부정적인 예명을 지어주거나, 부정적인 예명을 긍정적인 의미로 억지를 부리며 설명하는 경우가 있다. 이럴 때 집단 지도자는 어떻게 개입을 해야 하는지 알아보자.

나의 반응 1 : ______________________________

나의 반응 2 : ______________________________

비효과적 반응 1 : 네가 그런 예명을 선물 받으면 좋을 것 같니?

비효과적 반응 2 : 너는 규정을 제대로 안 들었구나. 긍정적으로 예명을 만들어주라고 했는데...

비효과적 반응 3 : (질문-) 그 예명을 받을 때 기분이 어땠습니까?

비효과적 반응 4 : (직면) 받은 사람의 기분이 어떨 것 같나요?

비효과적 반응 5 : (지시) 예명은 앞에서 설명했듯이 자기 예언적이기 때문에 긍정적으로 짓도록 합니다.

중립적 반응 : 나는 어리버리라는 말들 들을 때 힘이 나지 않는데 힘이 나는 것으로 지었으면 좋겠습니다.

효과적 반응 : 그런 예명으로 부르는 것이 좋을 것이라고 생각하는군요. 또 그럴만한 관계에 있는 것으로 생각됩니다. 본 활동은 나중에 힘이 되는 예명을 짓는 시간이기 때문에, 더욱 긍정적인 예명을 지어주면 좋겠습니다. 다시 생각해 본다면, 어떤 예명이 잘 어울릴까요?

이런 경우는 해당자가 아주 친밀한 관계에 있거나, 평상 시에 왕따를 당한 경우에 흔히 나타난다. 때로는 집단 참여에 저항하는 형태로 나타나기도 한다. 리더가 부적절하게 개입하는 경우, 나중에 부대로 돌아가서 더 심각한 문제를 야기할 수도 있다. 따라서 집단지도자는 먼저, 현재 한 행동과 상황을 수용해준다. 그리고 개인적 문제가 아니라 집단의 목적과 회기의 목표가 무엇인가를 명확하게 말해줌으로써, 상담 본연의 목적을 달성하도록 안내할 수 있다.

3회기 부대광고 만들기

사례 3-1) 그런 것 왜 해요? 꼭 해야 돼요? 이거?,

구조화된 집단상담 프로그램에서, 집단원은 자신의 의사를 반영하거나 조별 활동에 참여를 해야 한다. 다른 조원들은 열심히 참여하는데, 전체 분위기를 썰렁하게 하는 반응으로 "그런 것 왜 해요?" "꼭 해야 되요? 이거?" 등의 반응을 보이는 병사가 있다. 이럴 때 집단지도자는 어떻게 개입해야 하는지 알아보자.

나의 반응 1 : ______________________________

나의 반응 2 : ______________________________

비효과적 반응 1 : 해보면 알아요, 꼭 해야 합니다.

비효과적 반응 2 : 부대 자랑거리가 없다고 생각하는 것 같구나.

효과적 반응 1 : 어떻게 해야 될지 난감한 모양이구나.

효과적 반응 2 : 다른 방법으로 참여하고 싶은가 봐.

효과적 반응 3 : 이 활동이 본인에게는 선뜻 내키는 활동이 아닌가 보네요. 조금 더 자세하게 네 마음을 표현해주면 어떤 마음인지 이해하는데 도움이 될 것 같아요.

4회기 인생 등고선

사례 4-1-1) 얘기하기 싫은데요?(집단활동에 대한 저항으로)

인생 등고선은 자신의 삶에 대하여 생각해보고 발표하는 시간인데, 인생 등고선을 그리지도 않거나, 다른 사람이 하는 것을 보고만 있던지, 발표하는 시간에 "얘기하기 싫은데요?" "다음에 이야기 하면 안돼요?" "옛날 생각이 안나요(혹은 아무생각이 없어요)."" 기억하고 싶지 않아요." "나는 부정적인 경험이 하나도 없어요." "중 · 고등학교 시절을 비워놓고 기억하고 싶지 않아요." "울어도 돼요?(동료집단원이 슬픈 이야기를 할 때)" "왜 우리들의 이야기만 들으시고 선생님 이야기는 하시지 않으세요? 라고 하는 경우가 있다 이럴 때 집단지도자의 개입방법에 대하여 생각해 보자.

나의 반응 1 : ______________________________

나의 반응 2 : ______________________________

비효과적인 반응 1 : 그 말을 들으니 제가 당황스러워집니다.

비효과적인 반응 2 : 누구나 비밀이 있는 법이지요. 우리가 판단하지 않을테니 말해보세요.

효과적 반응 1 : 말을 꺼내는 것이 쉽지않은가 보네요.

효과적 반응 2 : 솔직하게 이야기해줘서 고맙습니다. 이야기하고 싶지 않은 사정이 있나 봐요. 내용은 말하지 않더라도, 지금 어떤 심정인지를 들어보고 싶은데….

사례 4-1-2) 다음에 이야기 하면 안돼요?

나의 반응 1 : ______________________________
나의 반응 2 : ______________________________

비효과적 반응 1 : 다음에 할 것 같으면 지금 하지?

비효과적 반응 2 : 나중에 하면 더 잘할 것 같아?

효과적 반응 1 : 지금은 정말로 말하고 싶지 않는가보군요.

효과적 반응 2 : 다른 사람들이 말하고 나면 조금 더 편안하게 이야기할 수 있을 것 같은가 보네요.

효과적 반응 3 : 혹시 나중에라도 말씀하고 싶으면 말씀해 주세요.

사례 4-1-3) (그래도 이야기를 안 하면)

나의 반응 1 : ______________________________
나의 반응 2 : ______________________________

비효과적 반응 1 : 자기인생에 대해서 그렇게 생각이 없습니까?

비효과적 반응 2 : 웬만하면 하지요. 기분 나쁜 일 있어요?

효과적 반응 1 : 여러분이 이분의 심정을 공감해 주셨으면 좋겠습니다.

효과적 반응 2 : (비언적 공감표시로 내담자의 반응을 공감한다.)

사례 4-2-1) 옛날 생각이 안나요(혹은 아무생각이 없어요).

나의 반응 1 : ____________________

나의 반응 2 : ____________________

비효과적 반응 1 : 생각이 안 나는 것이 아니고 생각하기 싫은 것 아니예요?

비효과적 반응 2 : 그럴 수가 있나요? 뭐라도 말해 보세요. 기억나는대로 써보세요.

효과적 반응 1 : 갑자기 생각하려하니까 힘들지요(이대로 공감만 하면 자기 합리화로 이어지게 되고 집단 불참여를 정당화 시켜줄 우려가 있다).

효과적 반응 2 : 집중하기가 쉽지 않은가 보구나.

효과적 반응 3 : 궁금합니다. 진짜 옛날 생각이 안난다는 것인지, 아니면 어떤 사정이 있는가

효과적 반응 4 : (대안제시- 분화를 한다)초 · 중 · 고등학교 별로 나눠서 생각해 보세요.

사례 4-2-2)기억하고 싶지 않아요.

나의 반응 1 : ____________________

나의 반응 2 : ____________________

비효과적 반응 1 : 우리가 하는 게 마음에 안 듭니까?

비효과적 반응 2 : 다 하는데 같이 한 번 합시다.

(어떤 사정이 있어서 말 안하고 싶은 경우)

효과적 반응 1 : 궁금합니다. 진짜 옛날 생각이 안 난다는 것인지, 아니면 어떤 사정이 있는지 알 수가 있겠습니까?

효과적 반응 2 : 선뜻 말 못할 사정이 있는가보군요. 말을 하면 어떻게 될 것 같다고 생각하세요(혹은, 무슨 일이 일어날 것 같아서 말하기가 망설여지나요?).

사례 4-3)나는 부정적인 경험이 하나도 없어요.

(관계단절로 포기를 하게된다. 그러면 관계단절을 잇는 발언을 해줘야 한다.)

나의 반응 1 : ________________________________

나의 반응 2 : ________________________________

비효과적 반응 1 : 그럴 리가 있습니까?

비효과적 반응 2 : 누구 약 올립니까?

효과적 반응 1 : 그렇군요. 부정적인 경험이 하나도 없다고 하니 당황스럽군요.

이 경우, 특정 집단원의 반응이 집단전체를 얼어붙게 한다. 특히 나머지 발표를 한 집단원들은 문제있는 사람들로 비춰질 수도 있다. 이 경우는 "그렇게 이야기하니 우리들만 문제있는 사람으로 비춰질까봐 말하기가 꺼려지네요."라고 현재 집단원들의 심정을 살펴준다. 그런 다음 보다 구체적으로 어떤 경험이 없다는 것인가를 의사확인해 볼 수 있다. "부정적인 경험이 없다라는게 어떤 뜻인가요?"

방향을 설정하는 경우는 "본인은 완벽하다는 그런 뜻인가요?"라고 물어볼 수 있다.

사례 4-4-1) 중 · 고등학교 시절을 비워놓고 기억하고 싶지 않아요.

나의 반응 1 : ______________________________

나의 반응 2 : ______________________________

비효과적 반응 1 : 아, 중 · 고등학교때 좋았던 사람 누가 있습니까?

비효과적 반응 2 : 그때 뭐 큰 사고 쳤습니까?

효과적 반응 1 : 그 시절은 다시 떠 올리기도 싫은가 보네요. 자신에게는 없었던 시간이기를 바라는 마음인가봐요. 혹시 우리와 함께 좀 더 탐색을 해 볼까요?

사례 4-4-2) 아니요. 그것조차도 하기 싫어요.

나의 반응 1 : ______________________________

나의 반응 2 : ______________________________

비효과적 반응 1 : 도무지 아무 생각도 하기 싫은가 보군요.

비효과적 반응 2 : 그래도 한번 해 보세요.

효과적 반응 1 : 이야기하지 않는 것이(기억하지 않는 것이) 네게는 도움이 되는가 보구나. 혹시 마음이 변해서 이야기하고 싶으면, 언제라도 이야기를 해주면 들어보고 싶어.

사례 4-4-3) …………(아무 대답도 없이 침묵을 함)

나의 반응 1 : ______________________________
나의 반응 2 : ______________________________

비효과적 반응 1 : 아무 말도 안하니 참 답답하네요.

비효과적 반응 2 : 무슨 말이든지 해보세요.

효과적인 반응 1 : (추후에 전혀 이야기를 하지 않고, 도움을 청해 오면 집단지도자는 다음과 같이 반응하여 특정 사건이나 내용보다는 내담자의 성장에 도움이 되는 방향으로 집단활동을 촉진할 수 있다 : "기억하지 않는 것이 지금 자신에게 어떻게 도움이 되는가를 이야기해 볼 수 있을까요?"

사례 4-5) (인생등고선 그리기) 시작을 안 하고 있는 경우

나의 반응 1 : ______________________________
나의 반응 2 : ______________________________

비효과적 반응 1 : 자꾸 시키는 대로 안 할거면 앞으로 차라리 오지 마세요.

비효과적 반응 2 : 왜 안합니까? 뭐 나한테 기분 나쁩니까?

효과적 반응 1 : 혹시 설명이나 도움이 필요한 부분이 있나요?

효과적 반응 2 : 무엇을 어떻게 해야 할지 난감한 모양이네요.

사례 4-6) 울어도 돼요?(동료 집단원이 슬픈 이야기를 할 때)

나의 반응 1 : ______________________________
나의 반응 2 : ______________________________

비효과적 반응 1 : 그런거 왜 묻습니까?

비효과적 반응 2 : 일단 발표부터 합시다.

효과적 반응 : 비언어적으로 동의를 해준다.

이런 상황에서 집단지도자는 언어적으로 반응을 할 필요는 없다. 개인이 자신의 내면을 드러내고 싶은데, 그렇게 할 수 없는 경우, 일단 비언어적으로 동의를 해 준다. 언어적 반응은 이성적 판단을 유도하게 되고, 결국 감정상태에서 벗어나게 만들 수 있다.

혹, 장난스럽게 반응하는 경우 또한 동일한 방법이 효과적 집단참여를 가능게 해 준다.

사례 4-7) 왜 우리들의 이야기만 들으시고 선생님 이야기는 하시지 않으세요?

나의 반응 1 : ______________________________
나의 반응 2 : ______________________________

비효과적 반응 1 : 나에 대해서 궁금하냐? 이거 어떻게 받아들여야 하나?

비효과적 반응 2 : 다른 사람들도 같은 생각이냐?

효과적 반응 1 : 이 집단은 너희들을 위해서 쓰는 시간이야. 나는 이 집단을 위해 ,

다음에 여러분과 함께 집단에 참여하게 되면 내이야기를 더 많이 나눌 수 있을 거야.

5회기 행복했던 이야기

사례 5-1) 행복했던 경험이 없어요.

행복했던 경험 나누기를 하는 시간에 행복했던 경험이 없어요. 혼자만 너무 많이 이야기 할 때. 행복한 이야기 하다가 불행한 이야기 하면서 감정조절이 안될 때. 상대적인 초라함을 느낄 때(단서: 비언어적인 행동 단서 보일 때) 비행행동을 행복했던 경험으로 이야기로 할 때. 그런 것도 행복한거야? 그럼 행복이 세고셋다. 그런 것도 불행한거야? 라고 반응할 경우 집단 지도자의 개입방법을 생각해 보자.

나의 반응 1 : ________________________________

나의 반응 2 : ________________________________

비효과적 반응 1 : 뭐라도 한번 생각해보세요(명령)

비효과적 반응 2 : 정말 하나도 없어요? (빈정거림) 내가 한번 대 볼까요?

효과적 반응 1 : 슬프고 힘든 일들만 가득했었나 봐요. 그래도 그 속에서 지금까지 나를 이끌어준 힘이나 사람은 누구였는지요? (그 힘을 바꾸면 행복이다)

효과적 반응 2 : 그렇구나, 행복했던 경험이 없구나. 지금은 행복했던 경험이 생각나질 않는가 보구나. 그래서 이 시간은 행복했던 경험을 생각해보는 시간이란다.

사례 5-2) 혼자만 너무 많이 이야기 할 때

나의 반응 1 : ______________________________
나의 반응 2 : ______________________________

비효과적 반응 1 : 그쪽은 이제 그만좀 이야기 합시다(명령).

비효과적 반응 2 : 집단에서는 혼자 이야기하면 안돼죠?(반대)

(다른 사람에게 모든 걸 알려줘야 이해해야 한다고 생각하는 경우)

효과적 반응 1 : 할 얘기가 많은가 보구나(진짜 행복했던 경험이 많은가 보구나). 다른 사람 이야기도 들어보고 다시 이야기를 하면 어떨까?

(같은 시간을 나누는 예의를 알고 타인을 배려하는 자세를 익힐 수도 있다)

효과적 반응 2 : (집단원에게) 저 사람의 표정을 한 번 보세요. 너무 좋아보이죠. 정말 행복한가 봐요. 다른 사람들도 하고 싶을 것 같은데 다른 사람의 이야기를 들을 시간을 좀 주었으면 좋겠어요.

사례 5-3) 행복한 이야기 하다가 불행한 이야기 하면서 감정조절이 안될 때

나의 반응 1 : ______________________________
나의 반응 2 : ______________________________

비효과적 반응 1 : 지금 분위기 좀 보고 이야기 합시다(명령).

비효과적 반응 2 : 그 얘기는 그만하고 , 지금 여기 주제하고는 관계없잖아(단절).

효과적 반응 3 : (자연스러운 감정을 노출할 수 있도록 기회를 준 다음, 비언어적 공감반응을 한다). 지금 행복한 이야기를 하는 시간인데 그 이야기가 나오는 것을 보니 참 힘들었나 보네요, 저도 들으면서 마음이 아팠어요. 그러한 하기 힘든 이야기를 우리를 믿고 이야기해 줘서 고마운 마음이 드네요. 지금 기분은 어때요?

사례 5-4) 상대적인 초라함을 느낄 때 (단서: 비언어적인 행동 단서보일 때)

집단원의 행복했던 경험이야기의 내용이 일류대 입학축하 선물로 승용차를 선물로 받았다는 이야기나, 유학이나 부모덕에 세계여행을 한 이야기를 들으면서 상대적으로 자신의 경험을 초라하게 느끼는 경우

나의 반응 1 : ______________________

나의 반응 2 : ______________________

비효과적 반응 1 : 저 사람도 알고 보면 당신과 다를 것 없습니다. 다 비슷합니다(위로).
비효과적 반응 2 : 행복은 비교하는 것이 안좋은 것입니다(훈계).
(중요한 역동이 일어나고 있는 단서다. 건강하다. 이 경우에 대부분 집단원을 위로 하게 된 경우가 많다. 그렇게되면 성장할 수 있는 중요한 단서를 놓치게 된다.)
효과적 반응 1 : 참 본인은 행복한 느낌을 이야기해서 나도 기쁘고 반갑고요, 듣는 누구누구는 얼굴표정이 어두워보이는데 내가 좀 알 수 있겠는지요?

(지도자도 상대적 빈곤감을 느꼈다면 나중에 개방을 할수 있다)
효과적 반응 2 : 난 어릴 때 참 어렵고 힘들게 살았는데 그이야기를 들으니, 나도 부러운 마 음이 들기도 하네요.

사례 5-5) 비행행동을 행복했던 경험으로 이야기로 할 때

특히 청소년기의 비행 행동에 대하여 마치 자랑을 하듯이 행복했던 경험으로 이야기를 하는 경우가 있다. 이럴 경우에 집단지도자의 적절한 개입이 요구 된다.

나의 반응 1 : ______________________________

나의 반응 2 : ______________________________

비효과적 반응 1 : 뭐 잘했다고 그걸 행복이라고 합니까?(비난)

비효과적 반응 2 : 본인은 행복이지만 그 사람한테는 불행이지요(훈계).

(내용을 받아주기도 하고 비언어적인 행동을 받아주기도 한다. 화자의 언어적 비언어적 표현에 지지를 한다)

효과적 반응 1 : 그 말을 들어보니 참 재미있었겠다 싶네요, 말하는 모습을 보니 정말 신나보이네요. 그런데 상대방(부모님 혹은 선생님)은 어땠을까 마음이 쓰여지네요.

효과적 반응 2 : 여러분들은 그 말을 들으면서 어땠어요.

사례 5-6) 그런 것도 행복한거야?

나의 반응 1 : ______________________________

나의 반응 2 : ______________________________

비효과적 반응 1 : 본인 이야기 할 때나 하시고 가만히 있으세요(명령).

비효과적 반응 2 : 본인이 행복하면 행복한 것 아닙니까(부정).

효과적 반응 1 : (의사확인) 그게 별로 동의가 안되는 모양이네요. 본인은 이 말을 들으니까 어때요?

효과적 반응 2 : (진짜 동의가 안되서) 동의가 안 되었음에도 불구하고 용기내서 이야기해줘서 고맙다.

효과적 반응 3 : (활동저항) 지난 회기에서도 참여하지 않는 모습을 보였는데(특히 비언어적인 반응에 대한 단서를 이야기한다), 이 활동이 별로 마음에 안 들어 하는것 처럼 여겨지는데 그런가요?(확인)

사례 5-7) 그럼 행복이 세고셋다.

나의 반응 1 : ____________________

나의 반응 2 : ____________________

비효과적 반응 1 : 그럼 본인이 직접 말해 보세요(지시).

비효과적 반응 2 : 그걸 머리로 깨닫는 것이 아니고 가슴으로 깨달아야 합니다(훈계).

효과적 반응 1: 행복은 좀 다른 특별한 경험이라고 생각하는가 보구나. 너의 행복에 대해서 구체적으로 이야기해 줄 수 있겠니?

사례 5-8) 그런 것도 불행한거야?

나의 반응 1 : ____________________

나의 반응 2 : ____________________

반응 1 : 너가 그 입장되어봐(지시).

반응 2 : 너는 얼마나 대단한데(빈정거림).

효과적 반응 : '불행이란 어떤 것' 이라는 이야기를 하고 싶은가 보구나. 혹시 다음에 한다면 언제쯤 발표 할 수 있겠니?

사례 5-9)다음차례에 할께요.

행복한 경험 나누기를 하다 보면 입학선물로 자동차를 선물 받던지 세계여행을 했다는 등의 자신의 행복이 순간적으로 너무 작다고 느껴질 때가 있다. 이럴 때 집단원들은 행복의 기준을 몰라서 표현하기를 주저하는 경우, 너무 작거나 하찮게 보여서 자신의 행복에 대한 발표를 미루게 되는 경우가 있다. 혹은 그 반대의 경우가 있다. 이럴 경우에 집단지도자의 적절한 개입이 필요하다.

나의 반응 1 : ____

나의 반응 2 : ____

비효과적 반응 1 : 미루지 말고 일단 순서대로 합시다(지시). 괜찮아 지금 말해봐.

비효과적 반응 2 : 다음에 하면 잘할 것 같아(빈정거림).

효과적 반응 1 : (의사확인) 다음에 해도 괜찮습니다만 당장 발표할게 없어서 그런 건지 뭔가 적긴 적었는데 발표하기에 마땅하지 않아서 그런 건지…. 내가 보기에는 적긴 적은 것 같은데 다음 차례에 하려고 하는 이유가 궁금하네요.

효과적 반응 2 : 그래, 다음 차례에 하고 싶은가 보구나. 혹시 다음에 한다면 언제쯤 발표 할 수 있겠니?

효과적 반응 3 : 지금 발표하는 것이 부담이 되는가 보구나. 다음에 발표를 하면 더 잘 할 수 있다고 생각이 드는가보네. 몇 번째쯤 이면 발표를 할 수 있을 것 같니?

효과적 반응 5 : 발표하기 싫다는 이야기인지 더 잘하고 싶다는 건지 이야기해줄 수 있겠니?

6회기 군 가족에 대한 기쁨과 감사 찾기

군 가족에 대한 기쁨과 감사 찾기는 같은 생활관이나 소대에서 집단원들이 함께 생활하면서 혹은 본 집단상담활동의 경험을 통한 군 가족에 대한 기쁨과 감사함을 찾는 활동 프로그램입니다. 복무기간동안의 긍정적인 면을 찾는 프로그램으로 특별한 Tip이 없습니다.

7회기 성공시나리오

사례 7-1)나는 내가 뭐가 되고 싶은지 모르겠어요.

성공시나리오는 성공하는 자신의 모습을 생각해 보는 시간인데 "나는 내가 뭐가 되고 싶은지 모르겠어요." 라고 말하면서 삶에 대한 목표설정을 하기 어려워하거나, 장난스럽게 작성하거나, 옆 동료가 쓰는 것을 보고 베껴 쓰는 경우가 있다. 이런 경우에 집단지도자는 어떻게 개입해야 하는지 알아보자.

나의 반응 1 : ____________________
나의 반응 2 : ____________________

비효과적 반응 1 : 지금 생각나는 것을 말해봐(지시).

비효과적 반응 2 : 그렇기 때문에 이런 시간이 있는 거야(훈계).

효과적 반응 1: (공감, 대안제시)뭐가 되고 싶은지 생각이 안 나서 답답한가 보네요. 그래서 지금 이런 시간이 필요하네요.

효과적 반응 2 : 지금은 네가 어떤 사람이 되고 싶은지를 몰라서 답답한가 보구나, 그래서 지금 이 시간에는 네가 원하는 것이 무엇인지, 네가 잘하는 것인 무엇인지 알아보면서 네가 어떤 사람이 되고 싶은가를 생각해 보는 시간이란다.

사례 7-2) 장난스럽게 작성할 때

나의 반응 1 : ____________________
나의 반응 2 : ____________________

비효과적 반응 1 : 좀 진지하게 합시다.(훈계)

비효과적 반응 2 : 이럴 때 장난치는 사람치고 잘되는 것 못봤어(비난).

효과적 반응 1 : 아직도 집단에 몰입을 하지 못하는 사람이 있는 것 같아서 내가 좀 난감하네요. 내 능력이 이렇게 부족한가 싶어서 우울하네요.

효과적 반응 2 : (직면), 그런데 표현하고 나서 보니까 이렇게 몰입이 안 되는데 아직까지 집단에 앉아 있으려니까 본인은 얼마나 힘들까 살펴지네요.

사례 7-3)옆 동료가 쓰는 것을 보고 베껴 쓰는 경우

나의 반응 1 : ______________________________

나의 반응 2 : ______________________________

비효과적 반응 1 : 다른 사람 말고 네 미래를 써봐(지시).

비효과적 반응 2 : 그런 것도 베껴쓰나, 인생도 베끼겠네(비난, 빈정거림).

효과적 반응 1 : 어떻게 해야 하는지 이해하기가 어려운가 봐요. (공감) 그런데 나는 조그만거라도 너에 대해서 알고 싶어.

효과적 반응 2 : (활동저항의 경우) 적기 싫은가 보네?(의사확인)

8회기 감사와 사과 쪽지

사례 8-1) 감사할 사람 없어요.

군 집단상담에서 감사와 사과 쪽지 나누기는 부대생활을 하면서, 혹은 입대 전의 생활을 생각해 보면서 감사할 사람과 사과할 사람에 대하여 나누는 시간인데, "감사할 사람 없어요."라고 질문하는 병사가 있다. 혹은 워크지에 4명~5명 정도 작성을 하게 되어 있는데 "워크지 전부 해야 해요? "라고 질문하는 병사가 있다. 이럴 경우에 집단지도자는 어떻게 개입하여야 하는지 생각해 보자.

나의 반응 1 : ______________________________

나의 반응 2 : ______________________________

비효과적 반응 1 : 인생 그렇게 삭막하게 삽니까?(비난)

비효과적 반응 2 : 한명도 없어?(질문)

효과적 반응 1 : (지도자 노출과 공감)정말 감사할 마음이 없이 살았나, 해서 걱정되고요. 그리고 00가 감사할 사람이 평소에 그렇게 없었나, 하고 마음이 좀 아프네요.

효과적 반응 2 : (이 순간 뭔가 불쾌한 것이 마음에 있을 수도 있다.) 내가 볼 때는 그동안 열심히 참가해온 것으로 보였는데 지금 이 순간 뭔가 불편한 마음이 있는가 궁금하네요.

효과적 반응 3 : 그렇구나, 지금 감사할 사람이 떠오르지 않은 보구나, 그러면 그동안 도움을 받은 경험이 없다는 뜻인지 , 생각이 안난다는 뜻인지 말해 줄 수 있겠니?

사례 8-2) 워크지 전부 해야 해요?

나의 반응 1 : ____________________

나의 반응 2 : ____________________

비효과적 반응 1 : 당연하지. 그걸 말해야해(명령).

비효과적 반응 2 : 왜 하기 싫어? (질문)

효과적 반응 1 : 다 쓰려니까 부담스럽지요. 본인에게 의미 있는 것부터 시간이 허락하는 만큼 해봅시다.

9회기 병영생활 실천 계획서

사례 9-1) 병영생활이 아니라 사회에서 득할 수 있는 역량을 써도 돼요?
(군에 입대한지 얼마 안 되는 병사인 경우…)

병영생활 실천계획서는 군에서 하는 훈련을 통하여 자신의 부족한 역량을 신장시키고 전역 후 그 신장 된 역량을 사회에 환원시킴으로서 사회에도 득이되고 자신도 성공하는 삶을 살기 위하여, 지금의 군 복무기간이 자신의 역량 신장의 기회임을 인식하고 군 생활이 불필요한 시간이 되기보다는 삶에서 꼭 필요한 시간임을 인식하는 시간인데, "병영생활이 아니라 사회에서 득할 수 있는 역량을 써도 돼요?" 라고 질문하는 병사가 있다 이럴 때 집단지도자는 어떻게 개입 할 것인지 생각해 보자.

나의 반응 1 : ________________________________

나의 반응 2 : ________________________________

비효과적 반응 1 : 군에 왔으면 군대이야기해야지

비효과적 반응 2 : 그럼 편안한대로 쓰세요.

효과적 반응 1 : 병영생활보다 사회생활이 먼저 떠오르는가 보네요. 여하튼 남은 병영생활을 보다 보람 있고 재미있게 하기위한 것에 도움이 된다면 무엇이든 좋겠지요.

효과적 반응 2 : 병영생활에 대해서 쓰는 것 보다는, 사회에서 득한 역량을 쓰고 싶은가 보구나.

10회기 종결

목표달성을 했는가? 미해결과제가 있는가?

부대 복귀 후 잘 적응할 수 있도록… 지도, 소감나누기

사례 10-1) 시간이 부족할 때

군 집단상담이 경우는 군의 일정에 따라 집단의 시간이 변경될 때 시간이 부족할 때, 부대사정으로 갑자기 시간이 줄어들었을 때가 있다. 그리고 근무시간이 일정하지 않아 집단상담 중 집단원이 바뀌는 경우나, 생활관에서 집단상담을 할 경우에는 근무교대 관계로 근무자가 집단 활동 중 들어올 때, 또 나가야 할 때가 있다.
또한, 회기도중 "저 배고파요" 라고 말할 때, "쉬는 시간 언제예요?" 라고 질문 할 때, "워크지 작성할 때 말로 하면 안되요?" 등 집단에 방해가 되는 집단원의 질문에 집단지도자는 어떻게 개입하여야 하는지 알아보자.

나의 반응 1 : ____

나의 반응 2 : ____

효과적 반응 1 : 빨리해야 겠다.

비효과적 반응 2 : 시간 없어요. 빨리하세요.

효과적 반응 1 : 아쉽지만 지금우리에게 주어진 시간이 얼마 남지 않았습니다. 자신의 소감을 나눌 수 있는 기회를 몇 사람에게만 드리고 마무리를 하도록 하겠습니다.

사례 10-2)부대사정으로 갑자기 시간이 줄어들었을 때

나의 반응 1 : ________________________________

나의 반응 2 : ________________________________

비효과적 반응 1 : 부대사정으로 시간이 끝났습니다.

비효과적 반응 2 : 갑자기 연락이 왔어요. 시간을 단축해서 진행합니다.

효과적 반응 1 : 시간이 30분 정도 남았기 때문에 정리를 해야 할 것 같아요. 짧은 시간이지만 간단하게 자신의 소감을 나누면서 마무리를 하도록 하겠습니다.

효과적 반응 2 : 부대사정으로 집단상담 시간이 줄어서 시간을 조정해야 할 것 같습니다.

사례 10-3) 근무자가 집단 활동 중 들어올 때, 또 나가야 할 때,

나의 반응 1 : ________________________________

나의 반응 2 : ________________________________

비효과적 반응 1 : 마음대로 들어오지 마세요.

비효과적 반응 2 : 조용히 다니세요.

효과적 반응 1 : 부대의 특수한 사정으로, 군 집단상담의 경우에는 간혹 근무자의 출입이 있네요. 지금의 기분을 이야기 해 볼까요.

사례 10-4) 회기도중 "저 배고파요"라고 말할 때

나의 반응 1 : ______________________________
나의 반응 2 : ______________________________

비효과적 반응 1 : 밥 안 먹었니?

비효과적 반응 2 : 집단 중에는 그런 말 하는 것이 아닙니다.

효과적 반응 1 : 그래 지금 우리가 이렇게 열심히 하고 있는데, 배가 고프다고 말하는 것은 지루하다는 뜻인지, 정말로 배가 고픈지 알고 싶구나.

효과적 반응 2 : 정말 배가 고픈가 보구나, 자기감정을 솔직하게 표현하는 것이 집단의 모습이다.

사례10-5) "쉬는 시간 언제예요?"라고 질문 할 때

나의 반응 1 : ______________________________
나의 반응 2 : ______________________________

비효과적 반응 1 : 그것이 왜 궁금합니까?

비효과적 반응 2 : (시계를 보면서) 00분 남았습니다.

효과적 반응 1 : 쉬고 싶은가 보구나.

효과적 반응 2 : 쉬는 시간이 언제인지 알고 싶은가 보구나.
지금이 00시이니까, 앞으로 00분 남았다.

사례 10-6) "워크지 작성할 때 말로 하면 안되요?"

나의 반응 1 : ____________________

나의 반응 2 : ____________________

비효과적 반응 1: 하고 싶은 대로 하세요.

비효과적 반응 2: 안 됩니다 꼭 작성해야 해요.

효과적 반응 1: 워크지를 작성하기 보다는 말로 표현하고 싶은가 보구나.

효과적 반응 2: 워크지를 작성하고 싶은데, 쓰기보다는 말로 하고 싶은가 보군요.

부 록

〈부록1〉
한국 軍 상담학회 소개

한국 軍 상담학회는 2006년 4월 한국상담학회의 군상담위원회로 발족하여 국방부 능력육성 상담교육과 전군 지휘관 혁신과정을 운영하였다.

군이 21세기 인재 육성기관으로서 건강한 미래사회의 리더양성을 지원하기 위하여, 2007년 6월 23일 한국상담학회의 분과학회인 한국 軍 상담학회로 창립하였다.

2006년 5월부터 육 · 해 · 공군대학에서 대대장 및 연대장을 대상으로 '혁신교육과정' 을 운영하였고, 이후 2007년까지 육군은 1 · 3군지역, 해군과 공군장교 및 부사관을 대상으로 204개반 36,000여명에 대한 '능력육성 상담교육' 을 실시하여, 만족도 93.8%라는 성과를 달성하였고 특히, 국방부 전체 자살율 65%로 감소시키는데 기여하였다.

또한 2008년도에는 기존의 Hard power 즉, 물리적, 강제적, 통제적, 억압적인 힘에서 벗어나, 조직구성원들이 존중과 배려 속에서 비강제적이고, 즐거운 마음으로 신명나게 임무수행할 수 있는 Soft power 프로그램 즉, '선간부 의식전환 상담교육' 을 위해 전 · 후방과 서해 5도까지 방문 순회 교육을 실시하였다.

육군은 연대급 이상 130개반 55,500여명, 해군 및 해병대는 함대사령부급 이상 17개반 8,750명, 공군은 비행단급 이상 9개반 5,600여명 등 총 351개반 장교 및 부사관을 대상으로 69,850여명을 실시하였으며, 이를 위해 軍 상담학회 소속 강사는 1,400명이 투입되었다.

뿐만 아니라 신세대 장병들의 군복무를 통해 성장과 발달을 돕고, 강한 전사로 거듭나며, 상호이해와 원활한 의사소통으로 부대단결과 병영문화를 개선하는데 도움을 주는 軍 집단상담 프로그램을 개발하여 진행하였다.

2008년도 한국 軍 상담학회의 軍 집단상담 실적은,

1. 00여단은 대대와 단위부대별 간부, 부사관, 병사 대상으로 9회 1,300여명을,
2. 00사단은 0개연대와 직할대 간부, 부사관, 병사 대상으로 3회 6,000여명을,
3. 00사단은 직할대 간부, 부사관, 병사 대상으로 2,000여명을 실시하였고,
4. 00사단은 또래상담병 50명을 대상으로 軍 집단상담을 실시하였고,
5. 00부대의 리본캠프에는 주 1회 1박 2일 프로그램으로 2008년 11월 2회 30명, 12월 3회 45명을 실시하였다.
6. 특히 경기지방경찰청 전・의경 전문상담관 협약을 맺고, 00개 중대 중 12개 중대 1,800여명을 대상으로 집단상담을 실시하여, 선임자와 후임자 간의 원활한 의사소통과 상호이해, 자기수용, 개방으로 사고예방과 병영문화를 개선하는데 기여하였다.
7. 건양대학교 전문상담관을 양성하는 상호교류 및 협약을 체결하였다.
8. 대한민국재향군인회와 교육 협력 및 협정 체결을 하였다.
9. 보건복지가족부 위탁 중앙건강가정지원센터와 협력 협정을 체결하였다.
10. 최고의 교육을 제공하고자 한국생산성본부와 교류 및 교육 협력 협정을 체결하였다.

2006, 2007, 2008년 교육성과 분석

구 분	계	개 인 상 담			집 단 상 담	또 래 상담병	정 신 교 육
		능력육성	원사교육	선 간 부			
인원(명)	133,690	42,207	660	69,850	11,225	1,860	7,888
비고	–	'06: 6,095	'07년	'08년	부대: 9,425 전의경: 1,800	06: 725 07: 820 08: 1,425 09: 4,917	06: 725 07: 820 08: 1,425 09: 4,917

2009년도 한국 軍 상담학회에서는

1. 00부대의 리본캠프에는 2009년 1월 15명 등 총 90명을 실시하였고, 연간 지속으로 진행되며,
2. 0함대사령부는 또래상담병 50명을 대상으로 5회, 연 250명을 실시하여 軍 집단상담과 또래병사들과의 상담기법 교육을,
3. 00사단 또래상담병 50명에게는 2월 중에 2회차 또래병사들과의 상담기법을,
4. 전 · 의경부대는 00개 중대 약 2,000여명을 대상으로 집단상담교육을
5. 부대 요청 시 개인상담, 집단상담 및 또래상담병 상담교육을 제공할 것이다.

〈부록2〉 병사의 부대적응을 위한 현실 치료적 집단 미술 치료 프로그램

1. 현실 치료와 선택이론

1950년대에 Glasser에 의하여 개발된 현실 치료는 현재와 행동에 초점을 둔다. 특히 선택이론에 근거하여 개인의 책임과 더 나은 삶을 위한 행동을 자신이 선택하는 것을 강조한다. 선택이론은 우리가 왜, 어떻게 행동하는가 하는 심리적, 신체적 행위를 설명하는 생물학적 이론으로 타인의 욕구를 방해하지 않으면서 자신의 욕구를 만족시키는 행동을 할 수 있도록 자신을 통제하는 힘을 배우도록 돕는다.

현실 치료의 목표는 행동의 변화로서 자기 평가에 의해 원하는 것을 선택하여 현실 세계에 효율적으로 대처하는 것을 목표로 한다. 인간의 욕구는 생존의 욕구, 사랑과 소속의 욕구, 인정과 성취의 욕구, 자유의 욕구, 즐거움의 욕구로 5가지이다. 5가지 욕구 중 하나나 그 이상을 충족시킬 때 느끼는 기쁨 때문에 내적으로 동기화되지만 그렇지 못하게 되면 고통을 피하고자 동기화된다. 즉, 자신의 욕구와 바람(want)을 충족하기 위하여 행동을 하게 되는 것이다.

선택이론은 우리가 하는 모든 것을 행동이라고 보고 크게 기본욕구(Need), 질적인 세계(Quality World), 지각체계, 창조적 행동 체계로 설명하고 있다. 우리는 이 5가지 욕구를 채우고 싶은 바람(Want)을 가지고 있으며 그것을 충족시키기 위해 우리의 행동을 선택한다. 행동은 5가지 욕구가 지시하고 이때 욕구가 채워지는 질적인 세계(Quality World)라는 사진첩에 사진으로 간직되면서 재현한다. 또한, 현실세계의 모든 것은 우리의 지각이나 가치체계에 의해 머릿속에 저장되는데 이것을 지각된 세계

(Perceived World)라고 한다. 질적인 세계와 지각된 세계의 차이가 나면 고통이 유발되고 개인은 자신의 욕구를 충족하기 위해 어떤 행동을 하게 된다. 이런 행동을 Glasser는 전행동(Total Behavior)이라고 하였다. 전행동은 크게 활동하기(Acting), 생각하기(Thinking), 느끼기(Feeling), 신체반응(Physiology)으로 구성되어 있다. 전행동을 자동차와 비유하여 설명하면, 엔진은 욕구, 핸들은 내가 원하는 것, 바퀴는 전행동, 앞바퀴는 활동하기와 생각하기, 뒷바퀴는 느끼기와 신체반응이다. 전행동 요소 중 활동하기는 거의 완전한 통제력을 갖고 있고 생각하기도 어느 정도 통제는 가능하고 느끼기와 신체반응은 거의 통제하기가 어렵다. 즉 앞바퀴인 활동하기와 생각하기를 변화시키면 뒷바퀴인 느끼기와 신체반응도 따라오게 된다는 것이다. 행동의 선택은 다시 자신의 삶과 타인과의 관계에 영향을 미치게 된다. 따라서 자신과 타인의 삶에 부정적인 영향을 주는 행동을 다르게 선택하여 삶을 효율적이고 긍정적이게 조절하고 통제할 수 있게 도와주는 것이다.

현실요법은 크게 두 과정 즉 상담환경 가꾸기와 내담자를 행동변화로 인도하는 과정으로 구성되어 있다. 상담환경 가꾸기는 내담자를 변화시키는 과정과 실제적 지원을 제공하는 것으로 내담자가 만족하는 데 도움을 주고 친밀한 관계를 더욱 발전시키는 것을 우선으로 해야 한다. Wubbolding은 현실요법의 상담과정을 W.D.E.P. 과정으로 제시하였는데 다음과 같다.

- W(Want) : 내담자들에게 '바람' 에 관련된 질문을 해서 내담자가 자신에게 어떤 일이 일어나게 되기를 바라는지를 명확하게 생각해 보게 하는 것이다.
- D(Doing) : 전행동은 활동하기, 생각하기, 느끼기와 신체반응의 네 가지 요소로 구성되어 있음을 상기시키고 통제 가능한 행동에 초점을 맞추어 행동을 탐색한다. 전행동 탐색하기는 상담자가 상담과정 초기에 내담자에게 상담의 전반적인 방향, 내담자가 어디로 가고 있는가를 탐색하도록 도와주는 절차이다.
- E(Evaluation) : 평가는 개인의 행동과 욕구와의 관계를 점검해보는 것이다. 내담자의 행동 변화를 위한 현실요법에서의 가장 핵심이 되는 부분은 그들 스스로

자기평가를 하게 하는 단계이다.

· P(Planning) : 상담자는 내담자의 진정한 바람과 욕구를 충족시킬 수 있는 계획을 수립하도록 도와주어야 한다. 긍정적인 활동계획은 단순하고 구체적이며 반복적으로 즉각 실행 가능한 것이어야 한다. 일단 계획이 세워지면 평가를 통해 그 계획이 내담자의 욕구와 바람을 충족시킬 수 있는지를 검토하고 계획이 완료되면 그 계획은 강화돼야 한다. 이상의 행동변화를 위한 4가지 상담과정(W.D.E.P.)은 순서적이 아니고 총체적이고 통합적으로 보아야 한다.

2. 부대적응을 위한 현실 치료적 집단 미술 치료 프로그램의 실제

회기	WDEP	내 용
1회기	W	· 주제 : 마음에 녹아드는 사랑비 · 목적 : 현실 치료적 집단 미술 치료의 목적을 이해한다. · 기대효과 : 집단구성원들의 친밀감을 형성하고 참여 동기를 높인다.
2회기	W	· 주제 : 정지된 시간 속의 사진첩 · 목적 : 좋은 세계와 지각된 세계 속에 있는 부대와 전우들에 대해 알아본다. · 기대효과 : 개인의 감각. 지각, 가치체계를 점검할 수 있다.
3회기	W	· 주제 : 난 간절히 원한다고! · 목적 : 자신과 부대의 5가지 기본 욕구를 탐색해 보고 전우들과 비교한다. · 기대효과 : 개인과 조직의 욕구가 다름을 이해하고 배려하는 마음을 갖는다.
4회기	D	· 주제 : 좋고 싫고가 어디 있는데! · 목적 : 부대에서 좋은(싫은) 활동을 찾아보고 조직의 목표와의 상관성을 알아본다. · 기대효과 : 조직의 목표달성을 위해 해야 할 일과 하지 않아야 할 일을 구분하고 솔선의 태도를 함양한다.
5회기	D E	· 주제 : 도 아니면 모야? (개, 걸, 윷도 있어!) · 목적 : 갈등상황에 대처할 수 있는 다양한 선택이 있음을 알고, 결과를 예측해 가장 행복하고 책임있는 선택을 하도록 한다. · 기대효과 : 의사결정에 대한 책임의식을 기를 수 있다.
6회기	D E	· 주제 : 사열대 앞에서 고장 난 자동차 · 목적 : 좋은 세계 속의 부대를 위해 전행동 자동차를 멋지게 선택 운전할 수 있다. · 기대효과 : 부대 속의 적응은 자신의 행복을 가꾸는 일임을 알 수 있다.
7회기	P	· 주제 : 기다림 2년의 새싹 · 목적 : 군 경험이 직업능력에 미치는 영향력을 탐색하고 미래 계획을 세울 수 있다. · 기대효과 : 군 경험이 인생의 소중한 자산임을 인정하고 인생을 설계할 수 있다.

3. 부대적응을 위한 현실 치료적 집단 미술 치료 프로그램의 회기별 지도방법

제1회기 : 마음에 녹아드는 사랑비

1) 목표

① 프로그램의 목적과 성격을 알고 적응의 중요성을 안다.

② 소집단을 구성한 후, 자기소개를 통해 신뢰감과 친밀감을 높인다.

2) 회기 안내 및 활동

① 프로그램의 기본적인 오리엔테이션을 실시한다.

② 집단 활동을 시작하기 전에 필요한 사전검사(군 스트레스 검사지, 사회적응 검사, 내외통제성 검사, 자존감 검사, K - HTP 등) 를 실시한다. 검사를 솔직하고 성실하게 하도록 강조한다.

③ 각자가 별칭을 지은 후 명찰을 만든다. 지도자와 집단원 간의 친밀감 형성을 위한 자기소개를 한다. 소개하는 방법을 다양하게 한다(예를 들어 4인 1조를 정한 후 서로 소개를 할 수 있게 각자에게 3분 정도씩 준 후 자신의 짝을 소개하는 방법, 자신이 소개하기).

④ 프로그램의 목적을 이야기한 후 성공적으로 프로그램이 진행되기 위해서 각자가 지켜야 할 집단 규칙이나 자세를 4인 1조 별로 토의한 후 발표하게 한다(출석을 잘하기, 비밀을 유지하기, 경청하기, 성실하게 작업하기 등).

⑤ 조별로 전지에다 서약서를 만들고 사인을 한다.

⑥ 회기 활동에서 느낀 점과 앞으로의 기대에 대해서 이야기한 후에 마친다.

3) 준비물

명찰, 사인펜, 사전검사지, 서약서용 전지, 색연필이나 크레파스

제2회기 : 정지된 시간 속의 사진첩

1) 목표

① 좋은 세계와 지각된 세계 속의 부대와 전우들의 사진을 탐색한다.

② 이상과 현실의 차이를 수용하는 힘을 기른다.

2) 회기 안내 및 활동

① 8절지 스케치북을 가로로 놓고 반을 표시한 후 왼쪽에 커다란 동그라미를 그린다. 동그라미는 나의 좋은 세계이다. 이 동그라미 속의 이상적인 부대나 전우들의 모습을 콜라주를 이용해 붙이고 좋아하는 색을 칠한다.

② 조별로 공통되는 이상적인 모습이 무엇인지 확인해 보며 전우들과의 공통점과 차이점을 이야기한다.

③ 스케치북의 오른쪽에 다시 큰 원을 그린 후 실제적이라고 지각되는 부대 모습을 콜라주하고 색을 칠한다.

④조별로 비교하면서 공통점과 차이점을 찾아본다.

⑤ 차이가 나는 이유가 무엇인지 조별 토의를 한 후 발표시킨다.

⑥ 간단하게 좋은 세계와 지각된 세계에 대한 강의를 통해 감각체계, 지각과 가치체계를 통해 현실을 받아들임을 알게 하고 차이가 발생함을 주지시킨다. 또한, 군이나 부대를 받아들이는 가치체계가 지나치게 부정적임을 강조한다. 인간은 보고 싶은 대로 보고 느끼고 싶은 대로 느끼는 동물임을 깨닫게 한다.

⑦ 오늘의 작업 속에서 알게 된 것과 소감을 이야기한다.

3) 준비물

명찰, 사인펜, 스케치북, 색연필이나 크레파스, 지나간 월간지들

제3회기 : 난 간절히 원한다고!

1) 목표

① 인간의 5가지 욕구를 알고 상대의 욕구를 존중한다.

② 조직의 욕구와 자신의 욕구가 다름을 인정한다.

2) 회기 안내 및 활동

① 인간의 행동은 욕구를 충족하려는 노력임을 알게 한다. 그리고 인간의 5가지 욕구를 설명해 준다.

② 전지에 커다란 바구니를 그리고 그 위에 집단원의 수의 2배만큼 그리는 데 한 사람이 같은 과일을 2개 차지할 수 있게 다양한 과일을 색종이를 찢어서 만든다.

③ 2개의 과일에 하나에는 부대생활에서 충족되는 욕구들을 파란색으로 적는다. 나머지 한 개 과일에는 충족되지 못하는 욕구들은 빨간색으로 적는다. 조별로 공통점과 차이점을 이야기한 후 전체적으로 조별 발표를 한다.

④ 바구니를 반으로 나눈다. 부대나 생활반을 의인화하여 어떤 때 욕구가 충족되고 안 되는지를 집단원이 토의한다. 한쪽에는 욕구가 충족되는 때를 파란색으로 적고 욕구가 충족되지 않는 때를 빨간색으로 적는다. 조별로 발표한다.

⑤ 작업을 마친 후 벽에다 게시하고 관람하게 한다.

⑥ 새롭게 알게 된 점이나 소감을 발표한다.

3) 준비물

전지, 사인펜, 색연필이나 크레파스, 색종이, 스카치테이프

제4회기 : 좋고 싫고가 어디 있는데!

1) 목표

① 부대에서의 개인의 좋아하는 행동과 싫어하는 행동을 확인한다.

② 부대에서 요구되거나 필수적인 행동을 알고 노력한다.

2) 회기 안내 및 활동

① 인간의 행동이 다양함을 설명한다. 그 행동이 관계 속에 미치는 영향을 생각하도록 예화를 들어준다(예:아무도 눈을 치우지 않아서 미끄러져 넘어졌던 경험).

② 부대에서 좋아하는 행동들을 20가지 이상 노란색 포스트 잇에 적는다.

③ 부대에서 좋아하지 않는 행동들을 20가지 이상 분홍색 포스트 잇에 적는다.

④ 먼저 조별로 좋아하는 행동들을 다 모은 후 그룹핑하고 소제목을 붙인다. 전체 발표를 한다.

⑤ 좋아하지 않는 행동들을 다 모은 후 분류하고 가장 많이 나오는 것이 무엇인지 확인하고 발표를 한다.

⑥ 부대업무가 원활하게 돌아가지 위해서 꼭 필요한 활동들이 무엇이 있는지 20가지 이상 파란색 포스트 잇에 적는다. 이번에는 전제적으로 다 모은 후 전지에다 분류한다.

⑦ 부대의 필수 활동 중에서 해야만 하는 활동을 전체 인원 중 한 사람이 하나씩 떼어 간다. 또다시 하나씩 두 번째로 떼어간다. 전지에 있는 포스트 잇이 다 떨어질 때까지 차례대로 하나씩 떼어서 가진다.

⑧ 자리에 앉아 자신이 떼어온 종이를 먼저 하고 싶은 순서대로 배열해본다.

⑨ 회기 활동에서 느낀 점을 이야기한다.

3) 준비물

노랑, 분홍 그리고 파란색의 포스트 잇, 전지, 사인펜

제5회기 : 도 아니면 모야? 아니, 개, 걸, 윷도 있어!

1) 목표

① 부대생활에서의 갈등상황을 원원하는 방법으로 대처할 수 있다.

② 의사결정의 과정도 욕구의 선택과 관련 있음을 깨닫는다.

2) 회기 안내 및 활동

① 입대 전에 갈등경험과 해결방법에 대해서 이야기를 나눈다.

② 부대생활 속에서 갈등이 일어났던 상황들과 해결방법들에 대해 이야기를 나눈다.

③ 입대 전과 입대 후의 갈등경험의 종류나 해결방법의 공통점과 차이점을 찾아본다.

④ 브레인스토밍에 대해서 간단하게 설명한다. 창의적인 아이디어내기이다. 정해진 시간 안에 다양한 해결방안을 모색하는 것이다. 어떤 답이 나와도 비난하거나 비판하지 않고 수용하는 것이다. 정해진 시간이 끝난 후에 아이디어에 대해서 평가를 하고 그중에 가장 최선이 해결안을 채택하는 것이다.

⑤ 아직 해결되지 않아서 고민이 되는 상황을 하나씩 설정한다.

⑥ 먼저 찰흙을 가지고 자동차와 자신 그리고 갈등대상을 만든다.

⑦ 색종이를 찢어서 도로를 여러 갈래로 만든다. 색종이 위에 해결방법을 진하게 적는다. 될 수 있으면 브레인스토밍이 되도록 모든 방법을 일단 수용한다.

⑧ 자동차에 탄 자신과 상대가 한 길을 달려간 후 내려서 평가를 해본다. 길 끝부분에 좋으면 ○표, 싫으면 ×표, 보통이면 △표를 한다.

⑨ 모든 길을 다 평가해본다. 즉, 자신의 입장에서 한 번, 상대의 입장이 되어 한 번씩 평가를 한다. 이 작업은 개인별로 해도 좋고, 조별로 해도 좋다. 조별인 경우, 같이 찰흙을 이용해서 공동 작업을 하고 분담해서 길도 만든 후 두 사

람을 뽑아서 역할극을 하면서 점수를 배기도록 해도 좋다.

⑩ 평가를 통해 어떤 해결방법을 선택할 것인지 결정하도록 한다.

⑪ 작업을 통해 깨닫게 된 점이나 알게 된 점에 대해 소감을 나눈다.

3. 준비물

종이, 찰흙, 색종이, 전지, 사인펜

제6회기 : 사열대 앞에서 고장 난 자동차

1) 목표

① 분노를 알아차리고 조절할 수 있다.

② 부대적응을 잘하기 위해 전행동자동차를 잘 운전할 수 있다.

2) 회기 안내 및 활동

① 화가 났던 경험을 이야기한다. 아직도 그 사건을 기억하면 자신의 신체가 어떻게 반응하는지 알아차리게 한다. 2인 1조로 작업을 한다. 한 사람씩 자신의 얘기를 할 때 상대는 그 사람의 비언어적 메시지나 신체적 특징을 잘 파악한다. 먼저 말 한 사람이 자신의 이야기를 하는 동안 자신의 자각에 대해 말하게 한 후 상대는 피드백을 준다.

② 그 사건이 내게 미치는 영향에 대해 생각하도록 한다.

③ 전행동자동차에 대한 설명을 간단하게 한다. 엔진은 5가지 기본 욕구이고 운전대는 욕구를 충족하는 구체적인 바람이다. 우리의 행동은 4가지 구성 요소로 이루어졌다. 앞바퀴는 활동하기와 생각하기 바퀴, 뒷바퀴는 감정바퀴와 신체반응바퀴이다. 이 요소들은 각각 경험하게 한다. 피돌기를 2배로 빠르게

해봐라, 지금 우울한 감정을 10초 내에 가져봐라, 부대는 멋진 사람을 길러내는 곳이라는 생각을 해라, 박수를 5번 쳐봐라 등을 구체적으로 하나씩 시킨다. 가장 쉽게 선택하고 조절할 수 있는 것이 활동하기와 생각하기이다. 따라서 우리의 전행동 자동차는 전륜구동자동차임을 알게 한다. 그중에서 생각만 하는 것보다 활동을 먼저 하는 것이 중요함을 강조한다.

④ 최근 부대생활에서 화가 나는 상황을 전행동 자동차에 비유해서 각각 찾아내게 한다. 자동차 본체를 색도화지를 적절하게 만들어 오린다. 색종이를 가지고 바퀴 4개를 만들어서 붙이게 한다. 화나는 상황에서의 요소들을 바퀴에 적는다.

⑤ 각자의 자동차를 가지고 조원들이 운전을 한다면 어떤 일이 부대에 일어날까? 생활반에서 무슨 일이 벌어질까를 이야기하게 한다. 자신의 행동을 조절하고 통제하는 것이 집단에서 적절하게 일어나야 함을 강조할 필요가 있다.

⑥ 자동차가 충돌하지 않으면서 자신의 삶이나 마음의 행복이 깨지지 않게 하기 위해서 어떻게 해야할지를 깨닫게 한다. 즉, 생각하기나 활동하기 바퀴를 교체하는 것이 필요함을 주지시킨다. 그러나 생각하기 바퀴보다 활동하기 바퀴를 먼저 교체하는 것이 중요하다는 것을 강조한다.

⑦ 오늘 작업에 대한 소감이나 피드백을 나누면서 종결한다.

3) 준비물

색도화지, 사인펜, 색연필이나 크레파스, 색종이, 풀, 가위

제7회기 : 기다림 2년의 새싹

1) 목표

① 군 경험이 중요한 자산이 됨을 확인한다.

② 행복한 삶을 위해 적응의 중요성을 인식하고 미래를 설계할 수 있다.

2) 회기 안내 및 활동

① 사회에서는 잘 몰랐던 자신의 능력이나 개발된 잠재 역량에 대해서 이야기하게 한다.

② 그러한 능력은 내 삶에 지금 그리고 미래에 어떻게 영향을 미치게 될지에 대해 이야기한다.

③ 군에서 닦은 역량을 직업기초능력이나 사회현실과 연관시켜 생각해보게 한다. 예를 들어 빌 게이츠가 학생들에게 보내는 10가지 충고를 각색해서 들려주어도 좋다.

㉠ 인생이란 원래 공평하지 못하다. 그런 현실에 대해 불평할 생각하지 말고 받아들여라.

㉡ 세상을 네가 어떻게 생각하든 상관하지 않는다. 네게 기대하는 것을 네가 스스로 만족을 느끼기 전에 뭔가를 성취해서 보여줄 것을 기다린다.

㉢ 대학교육을 받지 않는 상태에서 연봉이 4만 달러가 될 것이라고는 상상도 하지 마라.

㉣ 학교선생님이 까다롭다고 생각되거든 사회 나와서 직장상사의 진짜 까다로운 맛을 한 번 느껴봐라.

㉤ 햄버거 가게에서 일하는 것을 수치스럽게 생각하지 마라. 너희 할아버지는 그 일을 기회라고 생각하였다.

㉥ 네 잘못에 대해 부모 탓을 하지 마라. 불평만 하지 말고 잘못한 것에서 교훈

을 얻어라.

ⓢ 학교는 승자나 패자를 뚜렷이 가리지 않을지 모른다. 그러나 사회 현실은 이와 다르다는 것을 명심하라.

ⓞ 인생은 학기처럼 구분되어 있지도 않고 여름 방학이란 것은 아예 있지도 않다. 네가 스스로 알아서 하지 않으면 직장에서는 가르쳐주지 않는다.

ⓙ TV는 현실이 아니다. 현실에서는 커피를 마셨으면 일을 시작하는 것이 옳다.

ⓒ 공부 밖에 할 줄 모르는 '바보' 한테 잘 보여라. 사회 나온 다음에는 아마 그 '바보' 밑에서 일하게 될지 모른다.

④ 부대에서 잘 적응하고 제대하는 모습을 상상하게 한다. 지금 어떤 모습인지, 어디에 있는지, 무슨 옷을 입고 있는지, 누구와 있는지, 주변에서 어떤 소리가 들리는지 충분히 미래의 모습을 상상하게 한다. 그리고 지금의 기분이나 느낌이 어떤지, 신체의 어느 부분에서 감지가 되는지 알아차리고 그 느낌을 충분히 경험하게 한다.

⑤ 만다라의 문양을 선택하고 색을 칠하게 한다. 그리고 다 칠해진 문양을 보고 제목을 붙이고 각오를 쓰도록 한다. 각자 발표를 시킨다.

⑥ 전 회기를 통해서 경험한 것들이나 각오, 새로운 자신에 대해서 소감이나 피드백을 주고받게 한다. 각자 열심히 참여한 자신에게 감사의 박수를 치게 하고 전우에게도 감사의 박수와 포옹을 하도록 한다.

⑦ 사후검사를 실시하고 한 달 후에 추후 모임을 갖는 공지를 한다.

3) 준비물

사인펜, 색연필이나 크레파스, 만다라 문양지, 사후검사지, A4용지, 4B연필

〈부록3〉 MBTI 자기성장 프로그램의 실제

자기성장 프로그램은 미국에서 산업분야의 경영자나 관리자를 중심으로 인간관계 훈련집단으로 시작하였는데, 집단구성원들이 자신을 있는 그대로 이해하고 수용할 수 있도록 도와 자신이 가진 잠재력을 실현하고 매 순간 자신의 능력을 최대로 발휘할 수 있게 한다. 특히 개인의 성장은 먼저 자기를 정확하게 이해하는 것에서 출발한다. 있는 그대로의 자기를 이해하는 것은 적절한 자기수용과 자기개방으로 이어져 대인관계에 긍정적인 영향을 준다.

자기이해를 돕는 방법은 여러 가지가 있다. 그 중에서 MBTI검사는 많이 활용되고 있다. 군조직은 특히 집단생활을 하는 곳으로 건강한 대인관계는 행복한 삶과 관련이 깊다. 자기이해를 정확히 하고 타인을 이해하는 힘을 갖는 것이 필요하다. 서로 다름이 틀림이 아니고 서로 배워야 하는 부분이며 존중하고 존중받아야한다는 것을 알게 할 필요가 있다. MBTI를 통한 자기성장 프로그램의 전체적 개관은 〈표 1〉과 같다.

< 표 1> MBTI 자기성장 프로그램의 개관

회기	주 제	시 간	주 요 내 용
1	라포형성 및 오리엔테이션	120분	– 사전검사 – 별칭짓기와 친밀감 게임 – 오리엔테이션 – 집단의 규칙과 서약하기
2	4가지 지표별 그룹작업I	120분	– MBTI검사 실시와 채점 – 성격유형론의 기본 설명 – 4가지 선호지표별 그룹작업I – E–I, S–N, T–F, J–P지표별 작업
3	4가지 지표별 그룹작업 II	120분	– 반대 선호지표에게 바라는 말 – E–I, S–N, T–F, J–P지표별 작업
4	16가지 성격유형별 그룹작업 III	120분	– 16가지 성격유형별 특징 찾기 – 성격적 공통점 찾기, – 생활관, 유격장, 청소 시에 나타나는 행동특성
5	16가지 성격유형별 그룹작업IV	120분	– 16가지 성격유형별 리더십 특징 – 좋은 리더의 조건 탐색 – 전체 프로그램 소감 나누기 – 사후검사 실시

회기별 구체적인 실시방법은 아래와 같다.

<table>
<tr><th>제 1 회</th><th colspan="2">오 리 엔 테 이 션</th></tr>
<tr><td>목 적</td><td colspan="2">* 집단 구성원들의 친밀감을 형성한다.
* 사전검사를 실시하고 오리엔테이션을 실시한다.</td></tr>
<tr><td colspan="3">프 로 그 램 내 용</td></tr>
<tr><td>주 제</td><td>활 동 내 용</td><td>준 비 물</td></tr>
<tr><td>친밀감 형성</td><td>* 자신을 가장 잘 설명하는 예명을 짓고 설명한다.
- 적절한 자기개방과 상대방 알기
* 집단원의 별칭에 대한 궁금점을 2개 정도를 질문한다.</td><td rowspan="3">명찰,
싸인펜,
게임자료,
사전검사지</td></tr>
<tr><td>촉진 활동</td><td>* 기차놀이게임을 통해 상대의 이름을 기억하게 한다.
- 수풀 옆에 앉은 거울입니다. 수풀 옆에 앉은 거울 옆에 햇살입니다.
* 여러 가지 촉진활동을 실시한다.
- 박수치기, 조별활동(2인 3각), 빙고게임 등</td></tr>
<tr><td>오리엔 테이션</td><td>* 오리엔테이션을 충분히 설명한다.
- 프로그램의 필요성과 개관
- 집단구성원의 역할과 주의점
- 집단상담의 규칙(비밀보장, 적극성, 경청 등)
- 서약서 서명하기
* 사전검사를 실시한다.
* 느낌이나 소감을 발표한다.</td></tr>
<tr><td>기대효과</td><td colspan="2">* 긴장감을 완화시키고 프로그램에 대한 기대감을 갖도록 한다.
* 프로그램의 중요성을 인지하고 적극적으로 참여하도록 동기를 유발시킨다.</td></tr>
</table>

<table>
<tr><td>제 2 회</td><td colspan="2">4가지 선호지표</td></tr>
<tr><td>목 적</td><td colspan="2">* MBTI 검사를 실시하고 채점한다.
* 4가지 선호지표별 특징을 이해한다.</td></tr>
<tr><td colspan="3">프로그램 내용</td></tr>
<tr><td>주 제</td><td>활 동 내 용</td><td>준 비 물</td></tr>
<tr><td>검 사</td><td>* MBTI검사를 실시한다.</td><td rowspan="3">MBTI
검사지 /
답안지,
OHP,
유성펜</td></tr>
<tr><td rowspan="2">그룹
작업 I</td><td>* MBTI의 기초가 되는 융의 성격유형론에 대해 설명한다
- 성격유형론 설명을 들으면서 자신의 유형을 추측한다.
* 답안지를 채점하고 프로파일을 그린다.
* 추측한 성격과 답안지 프로파일이 일치하는지 서로 얘기한다.</td></tr>
<tr><td>* 4가지 선호지표별 그룹작업을 실시한다.
- E-I지표별 작업
(대인관계 맺는 법, 생활관에서의 행동특성 적기)
- S-N지표별 작업
(목적지에서 부대를 찾아가는 길을 그리기, 간단한 영상을 보여주고 본 것과 핵심 메시지 작성하기)
- T-F지표별 작업
(복귀시간 늦은 후임병, 난파선 처리문제)
- J-P지표별 작업
(분대별 특박 휴가계획 세우기, 생활관 장기자랑 대회 열기)
* 느낌이나 소감을 발표한다.</td></tr>
<tr><td>기대효과</td><td colspan="2">* 그룹작업을 통한 자신의 성격을 이해할 수 있다.
* 서로의 성격이 다름을 이해하고 타인과의 차이를 수용할 수 있다.</td></tr>
</table>

<table>
<tr><td>제 3 회</td><td colspan="2">4가지 선호지표</td></tr>
<tr><td>목 적</td><td colspan="2">* 4가지 선호지표별 특징을 이해한다.
* 서로 상대 유형에게 바라는 것이 무엇인지 확인한다.</td></tr>
<tr><td colspan="3">프로그램 내용</td></tr>
<tr><td>주 제</td><td>활 동 내 용</td><td>준 비 물</td></tr>
<tr><td>그룹
작업
II</td><td>* MBTI 4가지 선호지표의 특징을 간단히 복습한다.
* 각 유형별로 모여서 자신들이 자주 듣는 말을 통해 자신들의단점이 무엇인지 알아보고 정리한다.
* 각 유형별로 상대유형에게 바라는 점이 무엇인지 토론하고 정리한다.
– E → I, I → E
– S → N, N → S
– T → F, F → T
– J → P, P → J
* 상대유형의 발표를 듣고 자신의 유형들이 듣던 말과 무엇이 같은지 다른지 비교하고 발표한다.
* 자신들의 단점을 보완하기 위해서 어떻게 해결해야 하는지에 대한 방법을 논의하고 그룹별로 전지에다 그림이나 문장으로 표현한다.
* 작업지를 게시한 후 돌아다니며 감상한다.</td><td>OHP,
전지,
색연필,
유성펜</td></tr>
<tr><td>기대효과</td><td colspan="2">* 그룹작업을 통한 자신의 성격에 대한 단점을 알 수 있다.
* 강점이 단점으로 상대에게 보일 수도 있음을 이해한다.
* 단점을 극복할 수 있는 방법을 찾을 수 있다.
* 누구나 단점이 있음을 통해 자신의 수용력을 확장할 수 있다.</td></tr>
</table>

<table>
<tr><td>제 4 회</td><td colspan="2">16 성격유형 이해 I</td></tr>
<tr><td>목 적</td><td colspan="2">* 16가지 성격 유형의 특징을 이해한다.
* 16가지 성격의 특징이 상황이나 사건에 따라 표출되는 방법이 다름을 확인한다.</td></tr>
<tr><td colspan="3">프로그램 내용</td></tr>
<tr><td>주 제</td><td>활 동 내 용</td><td>준 비 물</td></tr>
<tr><td>그룹 작업 III</td><td>* MBTI 4가지 선호지표의 특징을 간단히 복습한다.
* 16가지의 성격 유형별로 모여서 자신들의 성격 특징을 이야기하고 정리한다.
* 각 생활관(유격장, 훈련장)에서 나타나는 유형별 특징을 나눈 후 발표한다.
* 유형별 특징을 단어나 그림으로 표현한 후 벽에다 게시한 후 감상소감을 발표한다.
* 유형별 작업을 감상하면서 유형에 적합한 좌우명이나 신조를 써준다. 가장 알맞은 것을 선정한 후 유형별로 복창하면서 다짐을 하는 시간을 갖게 한다.
* 생활관이나 부대생활에서 상대에 대해서 새롭게 알게 된 점이 무엇인지 나눈다.
* 상대의 특성을 이해하지 못하고 자신의 기준에서 상대를 판단했거나, 불편해 했던 경험을 기억한 후 상대에게 사과의 편지를 쓴 후 발표하는 시간을 갖는다.
(반대로 나의 단점을 이해해 준 경험이라면 감사의 편지를 쓸 수 있다)</td><td>OHP,
전지,
색연필,
유성펜
편지지</td></tr>
<tr><td>기대효과</td><td colspan="2">* 16가지 성격의 유형별 특징과 다양성을 인정하고 존중하는 태도를 기른다.
* 상호존중하고 배려한다는 것은 각 개인의 고유성을 이해하는 것에서 시작함을 깨닫는다.
* 상황이나 사건에 따라 유형별로 다르게 사고하고 행동함을 존중하는 태도를 육성할 수 있다.</td></tr>
</table>

<table>
<tr><td>제 5 회</td><td colspan="2">16가지 유형의 리더십 스타일</td></tr>
<tr><td>목 적</td><td colspan="2">* 16가지 성격유형의 예명을 통해 특징을 암기한다.
* 16가지 성격유형에 따른 리더십 스타일을 이해한다.</td></tr>
<tr><td colspan="3">프로그램 내용</td></tr>
<tr><td>주 제</td><td>활 동 내 용</td><td>준 비 물</td></tr>
<tr><td>그룹
작업
Ⅳ</td><td>* 16가지의 성격 유형별로 모여서 자신들의 성격 특징을 대표하는 구호나 예명을 정한다.
* 각 유형별 리더십 스타일의 특징을 이야기하고 발표한다.
* 각 유형에 따라 선호하는 유형과 선호하지 않는 성향은 무엇인지 나누고, 그 이유를 발표한다.
* 선임과 후임 간에(혹은 분대장과 분대원 사이에) 가장 잘 어울리는 관계가 되기 위해 어떤 노력을 기울여야 하는지 이야기하고 발표한다.
* 좋은 리더의 특성에 대해 10가지씩 적은 후 조별로 모아서 10가지를 선정한 후 발표한다.
* 본 프로그램을 새롭게 알게 된 점이나 깨달은 점에 대해 소감을 나눈다.
* 사후검사 실시</td><td>OHP,
전지,
색연필,
포스트잇,
사후검사지</td></tr>
<tr><td>기대효과</td><td colspan="2">* 16가지 성격의 유형별 리더십 스타일을 이해할 수 있다.
* 부대원들 간에 긍정적이고 승 – 승의 인간관계를 형성할 수 있다.
* 자기이해를 통한 상호 성장과 원활하게 병영생활을 할 수 있다.</td></tr>
</table>

§ 참 고 문 헌 §

— 강갑원(2004). 알기 쉬운 상담이론과 실제. 서울: 교육과학사.

— 고영민(2005). 상담연습 워크북. 서울: 믿음사.

— 국방부(2001). 정신교육 기본교재(신병용).

— 국방부(2007). 군 계층별 역량모델개발 프로젝트. 국방부.

— 김계현(2002). 카운슬링의 실제. 서울: 학지사.

— 김무영(2007). 군 상담능력 향상방안. 군사논단. 50(여름).

— 노안영(2005). 상담심리학의 이론과 실제, 서울: 학지사.

— 연문희 외(2003). 학교상담, 서울: 양서원.

— 옥금자(2006). 집단미술치료 방법론 I 이론과 기법. 서울: 하나의학사.

— 유명덕(2006). 한국군 병사의 위기인식 유형과 관리방안. 군사논단 46호.

— 육군본부(2007). 지휘관용 군법교재. 대전: 육군인쇄창.

— 육군본부(2008). 군인복무규율. 대전: 육군인쇄창.

— 윤관현 외(2006) 집단상담 원리와 실제. 서울: 법문사.

— 이윤주 외(2008). 집단상담기법. 서울: 학지사.

— 이장호 외(2007). 상담연습교본. 서울: 법문사.

— 이장호(2001). 상담면접의 기초. 서울: 중앙적성출판사.

— 이장호(2007). 상담심리학. 서울: 박영사.

— 이장호, 김영희(1992). 집단상담의 원리와 실제. 서울: 법문사.

— 이종기(2003). 신세대 장병 관리를 위한 상담기법 연구. 한남대학교 지역개발 대학원. 석사학위논문.

— 이형득 외(2002). 집단상담. 서울: 중앙적성출판사.

— 이형득(1999). 집단상담의 실제. 서울: 중앙적성출판사.

— 조경덕, 이도균, 임지향(2007). 도해 상담심리학. 서울: 들샘.

— 차명호, 손정필, 양종국, 이명우, 장현덕, 김옥희, 김용수 (2008). 선간부의식전환 교육. 국방부, 한국 軍 상담학회.

— 최혜란, 이흔정(2007). 군 능력육성 단계별 상담전략 고찰. 군상담학연구, 제1권 제1호.

— 김명권(2001). 집단상담에서의 응집성과 신뢰도는 어떻게 발달하는가?, 한국집

단상담학회 제4차 워크숍 자료.

— 김성회(2001). 집단상담에서의 문제해결은 어떻게 하는가?, 한국집단상담학회 제4차 워크숍 자료.

— 김형태(2004). 집단상담의 이론과 실제. 동문사.

— 설기문(2000). 집단상담에서 저항과 갈등은 어떻게 처리하는가?, 한국집단상담학회 제3차 워크숍 자료.

— 이장호(2005). 집단상담의 원리와 실제. 법문사.

— 이형득(1998). 자기성장 집단상담의 단계별 발달과정. 집단상담연구, 창간호. 한국집단상담학회. 35-62.

— 이형득(2000). 집단상담의 실제. 중앙적성출판사.

— Corey, M. S., & Corey, G.(1997). Groups : Process and practice (5th. ed.). Pacipic Grove CA: Brooks/Cole Publishing Co.

— Carrie H.Kennedy & Eric A. Zillmer(2006). Military Psychology Clinical and Operational Applications. New York: Guilford Press.

— Ed E. Jacobs, Robert L. Masson, Riley L. Harvill (김춘경역, 2003). 제4판. 집단상담 전략과 기술. 서울: 시그마프레스.

— Friedman, W. H.(1989). Practical group therapy: A guideline for clinician. Jossey-Bass Publisher.

— Gerald Corey (조현춘외 2005), 집단심리상담의 이론과 실제. 서울: 시그마프레스.

— Gerald Corey, Marianne Schneider, Patrick, J. Michael Russell(김춘경역 외, 2005). 집단상담 기법. 서울: 시그마프레스.

— Yalom, I. D.(1985). The theory and practice of group psychotherapy. (3rd ed.) New: Basic Books.

— Marianne Schneider Corey, Gerald Corey (2006). Groups : Process and Practice. 김진숙 외(역). 집단상담 과정과 실제. 서울: 시그마프레스.

軍 집단상담 이론과 실제

초판 1쇄 2009년 3월 25일
증보 1쇄 2009년 6월 25일
발행일 2009년 7월 5일

지은이 한국 軍 상담학회

펴낸이 장사경
펴낸곳 Grace Publisher(은혜출판사)

편집장 강연순
해외마케팅 국장 장미야
마케팅 한영휴, 이현빈, 김학진
편집디자인 김은혜
경영총무 조자숙

주소 서울 종로구 숭인 2동 178-94
전화 (02) 744-4029 팩스 744-6578
출판등록 제 1-618호(1988. 1. 7)

© 2008 Grace Publisher, Printed in Korea
ISBN 978-89-7917-858-6 03230

이 출판물은 저작권법에 의해 보호를 받는 저작물이므로 무단 전재와 무단 복제를 할 수 없습니다.